ザ・プラットフォーム

IT企業はなぜ世界を変えるのか？

尾原和啓 Obara Kazuhiro

JN283792

NHK出版新書
463

ザ・プラットフォーム――IT企業はなぜ世界を変えるのか？　目次

第一章　プラットフォームとは何か？

——ＩＴ企業、国家、ボランティア活動

プラットフォームとは何か

「プラットフォームが世界を変える」と言われてピンとくる方はどれくらいいらっしゃるでしょうか。「プラットフォーム（platform）」という言葉は聞いたことがあるけれど、それが意味するものは漠然としているということも多いでしょう。

駅のプラットフォームのことは、日本語でも「何番線のホーム」という言い方をしますが、もともとの意味は「土台」「基盤」といったニュアンスの意味合いを持つ言葉です。IT（Information Technology、情報技術）の分野では、オペレーティングシステム（OS）やハードウェアなどにおいて、コンピュータを動作させるための基本的な環境や設定を意味します。

このプラットフォームという言葉は、IT革命以後の二〇〇〇年代から現在までの間に、今までの意味とは異なる意味合いを持つようになってきました。

本書で位置づけるプラットフォームとは、個人や企業などのプレイヤーが参加することではじめて価値を持ち、また参加者が増えれば増えるほど価値が増幅する、主にIT企業が展開するインターネットサービスを指します。少し専門的に言い換えれば、ある財やサービスの利用者が増加すると、その利便性や効用が増加する「ネットワーク外部性」がはたらくインターネットサービスです。

プラットフォームをグローバルに展開するIT企業はたくさんあります。これから紹介するグーグル（Google）、アップル（Apple）、フェイスブック（Facebook）もプラットフォームですし、アマゾン（Amazon）、マイクロソフト（Microsoft）、ツイッター（Twitter）、ヤフー（Yahoo!）といった世界の株式市場の時価総額においてランキング上位に入るIT企業のほとんどはプラットフォームとして自社のサービスを展開しています。

では、プラットフォームを展開するのはIT企業だけなのでしょうか？

そうではありません。例えば、一〇〇年以上の歴史を持つクレジットカードもプラットフォームです。

みなさんの持っているカードがもし自分の住む商店街でしか使えなかったのなら、あまり便利なものではありません。では日本全国の一〇万店舗で、世界中の一〇〇万店舗でカードが使えたならばどうでしょう。とても便利ですよね。

店舗からしてみれば、クレジットカードにはどのような価値があるでしょう。もともと店舗と客の間には「つけ払い」という商慣習がありました。その場で支払わないで店の帳簿につけておき、あとでまとめて支払ってもらうものです。しかし「この客はつけ払いにして大丈夫だろうか」「月末なので客に支払い連絡をしなくては」といったように各店舗がそれぞれに管理するのは大変に非効率です。それを一定の手数料をとることで可能にしたのがクレジットカードです。クレジットカードでの支払いに対応することで、そのカードを使う客の利便性も高まり、より店舗へ足を運ぶ可能性が高まります。

このように、加盟店舗が増えれば増えるほどカードを使う人（利用者）にとって便利になり、また加盟店舗にとってのメリットもあり、クレジットカードそのものの価値が増す。これがクレジットカードというプラットフォームであり、ビザ（VISA）やマスターカード（MasterCard）といった企業が提供するサービスです。

IT企業のプラットフォームに注目する二つの理由

なぜ、本書ではＩＴ企業に注目するのでしょうか。理由は大きく分けて二つあります。

第一に、ＩＴ以後の世界ではプラットフォームへの参加のしやすさが圧倒的に高まったからです。

この本を読むみなさんも「プラットフォームに参加している」という意識はないかもしれませんが、確実にＩＴ企業の提供するプラットフォームサービスに参加しているはずです。

例えば、フェイスブック、ツイッターといったＳＮＳ（Social Networking Service）は参加している人も多いでしょう。スマートフォンをお持ちならば、もはや携帯メールを代替《だいたい》する存在となった無料通話、メールアプリ「ＬＩＮＥ（ライン）」を利用していない人の方が少ないぐらいです。

「私はＰＣしか使わず、スマートフォンを持っていない」という人も本当にプラットフォームに参加していないと言い切れるでしょうか。じつはグーグルの検索エンジンもプラットフォームととらえることができます。検索のキーワードを入力する人が多ければ多いほどグーグルの検索エンジンの精度は上がり価値が増し、また検索エンジンを経由して来るユーザーが多いほどウェブページを持つ供給者にとっての価値が増します。検索エンジンにキーワードを入力している時点で、みなさんはプラットフォームに参加している、というわけです。

このようにITは圧倒的な参加のしやすさをプラットフォームにもたらしました。だからこそ、IT企業にはプラットフォームビジネスが多く存在し、また大きな利益を上げているのです。

プラットフォームが私たちの生活を左右する

第二に、プラットフォームがビジネスというジャンルを超え、社会や私たちの生活までしみ出し、世界を大きく変える可能性が見えてきたからこそ、今プラットフォームに注目する必要があるのです。

今や有名すぎる事例となりましたが、二〇一〇〜一一年に北アフリカのチュニジアで起きた「ジャスミン革命」は、若者を中心としたフェイスブックやツイッターでの情報交換を体制側がおさえきれず、運動が全土に広がり起きた政変です。最近では二〇一四年に香港で起きた「雨傘《あまがさ》革命」も、警察に対峙する民主派のデモ隊が雨傘を開いて対抗し、その写真がSNSやメッセージアプリを通じて伝えられたことで広がったといわれています。

　こうした政権を揺《ゆ》るがすような革命も、スマートフォンが普及し、ユーザー同士のメッセージや写真交換などがかんたんに行えるコミュニケーションのプラットフォームがなければ起こることはなかったでしょう。

　こうした社会の大きな変化だけではありません。当たり前すぎて実感が少ないかもしれませんが、私たちの足元にある生活も、プラットフォームにより静かに変わってきています。

　衣食住の「衣」はどうでしょうか。インターネットの登場で情報が伝わるのが早くなり、流行が伝播《でんぱ》するスピードがIT以前の世界より格段に上がっています。今や東京にいなくても「楽天」や「ゾゾタウン（ZOZOTOWN）」といったインターネットショッピングではやりの服は買えますし、雑誌に掲載されたアイテムが買える通販サイトもあります。

「食」はどうでしょうか。スーパーや青果店へ買い物に行き、特売になっている食材を見てから、その場でスマホからレシピを検索するということを当たり前にしている人も多いのではないでしょうか。あるいはおいしいレストランを探すのに「食べログ」などで探すのも日常的なこととして行われています。

「住」も同じです。物件探しにあえてインターネットを活用しないという手はないでしょう。「南向きがいい」「二階以上がいい」というように自分の好みの条件からしぼり込み、検索ができるネットサービスはやはり便利です。

詳細な説明はここでは省きますが、ここで挙げた事例はすべてプラットフォームとして展開されているネットサービスです。参加者がいてはじめて価値を持ち、また参加者が増えれば増えるほど価値が増しているはずです。

こうした生活にまつわる変化は、子どもの成長と同じように、毎日の変化を見ていてもわからないものですが、五年、一〇年とある単位で区切れば確実に変化が見てとれます。いつの間にかプラットフォームが私たちの生活を左右するほどの影響力を持ちはじめているのです。

今までの世界で最大のプラットフォームは「国家」

みなさんは普段の生活で意識されることはほとんどないと思いますが、今までの世界で最大のプラットフォームは「国家」です。このような言い方に違和感を持たれる方もいらっしゃると思いますが、私たちが住む国を一つのプラットフォームととらえれば、たくさんの参加者（国民）がいるからこそ価値を増しているともいえます。

近代国家が医療制度などあらゆる制度を整え、国民から徴収する税金により道路、水道、電気、ガスなどのインフラをきちんと整備しているからこそ、私たちは生活に余計な手間をかけることなく快適な生活を送ることができます。

その意味で、生まれながらにしてほとんどの人がどこかの国家に所属する現代において、私たちはプラットフォームの上を生きているのです。

参加している人の数だけでいえば、二〇〇〇年代以降の世界は国家を凌駕《りょうが》するプラットフォームが登場してきた時代といえるでしょう。その代表ともいえるフェイスブックには、世界中で一四億人のユーザーが存在します。すべての人が毎日のようにフェイスブックを利用しているわけではありませんが、人数を見れば世界最大の人口を抱える中国を超えています。また、国境を越えて人と人とがインターネットでつながり、ネットワーク化されることにより、国を超えた超国家的《メガ》プラットフォームともいうべき存在が生まれつつあります。

また近年、これはIT企業にかぎった話ではありませんが、グローバル企業のなかで国境を越えた税金逃れ「租税回避」と呼ばれる現象が深刻化しています。グローバルに展開する企業体が税率の低い国に資産をたくわえ、国は税収が下がることでダメージを受けています。こうした現象も、国境を越えて人や市場がつながるなかで起きており、ITの浸透と密接にかかわる問題です。例えば、みなさんが当たり前のように使うスマホのアプリ市場では、いともかんたんに国境を越えてアプリを販売することができます。もはやどの国の経済活動によって得られた収益なのか、といった境目がうすくなりつつあるのです。

阪神淡路大震災に見た原点

第二章以降は、具体的なプラットフォーム事例を見ながら、プラットフォームとはどういった存在なのか、またなぜ世界を変えるのか、どう変えるのか、日本発のプラットフォームの可能性はどこにあるのか、などの話題について書いていこうと思います。

そうした話に入る前に、まずはなぜ私がプラットフォームというものにそこまでこだわるのか、その原点についてお話しさせていただきます。

私自身は大学院を卒業して以降、コンサルティング会社のマッキンゼー・アンド・カンパニー、リクルート、グーグル、楽天といった企業を一二社ほど経験してきましたが、プラットフォーム屋を自称する私の原点はビジネスにあるのではありません。むしろ、その原点は学生時代のボランティア活動にあります。

一九九五年、関西に住んでいた私は阪神淡路大震災を経験し、そのボランティア活動を続けるなかで、その後の私の人生を変える二つの出来事に遭遇します。

一つは「仕組み」というものがいかに大きな威力を発揮するかを認識したことでした。当時、私が被災者支援のボランティア活動をしていた東灘区《ひがしなだく》では、さまざまな情報が錯綜《さくそう》しており、避難所ごとの物資状況などがまったく把握できない状態でした。

そうした情報が混乱する状況が続くことがどうしても気になり、私は神戸大学の学生の方々と連動して「東灘区情報ボランティア」という団体の立ち上げに参画しました。そして区役所の担当者に「ボランティアの方はこちらへ」という看板を出す許可をもらい、どの避難所へ行っていただくかのスタッフの配分を行うとともに、「ボランティアから帰る前に、ひとことでも現在の避難所の状況を教えてください」と呼びかけたのです。

その効果は驚くようなものでした。避難所ごとに「TシャツのLサイズが一〇枚ほど足りない」といった細かな情報が集まり、把握できるようになったのです。今度はその仕組みをもう少し改善して、ボランティアのみなさんへ質問票を渡し、より細かい情報を一定の同じフォーマットで把握できるようにしたのです。

こうして数十か所に分散されていた避難所の様子が詳細に把握できるようになり、効果的に支援活動を展開できるようになっていったのです。

ここで情報ボランティアの果たした役割こそが、被災地において情報の「プラットフォーム」という仕組みをつくりあげることです。仕組みをつくるというだけで、世の中に貢献できて、誰かを笑顔にすることができる。ボランティア活動を手伝うなかで、このことを知ったのは私の人生における大きな転換点でした。

卒業後にマッキンゼーに入社したのも、この「仕組みづくり」の奥深さをもっと実社会でも学ぶことができるのではないかと感じたからです。一担当者としてNTTドコモの携帯電話向けインターネットサービス「iモード」の立ち上げというビッグプロジェクトにかかわることができた幸運も、ボランティア活動という原点があったからこそでした。

持続的な仕組みをつくる

そしてボランティア活動において、自分の人生を変えるもう一つの出来事が起こります。

震災直後のある日、被災者のみなさんがろくにご飯も食べられない状況で、私が食べられるわけがないと、飲まず食わずで動き続け、またほとんど眠らずに活動を続けていました。そのときの私はほとんど息も絶え絶えの状態だったと思います。

そんなとき、私の顔面をなぐりつけた人がいました。そして次のようにどなられました。

「アホか！　お前が笑顔を届けんかったら、誰が被災者に笑顔を届けんねん！」

歌手の故桑名正博《くわなまさひろ》さんでした。そのときの私は全力で取り組むことこそが被災者のみなさんの役に立つことなのだと勘違いし、被災者のみなさんからどう見えているかをまったくかえりみずにいたのです。そんな私の目を、乱暴なやり方ではありましたが、覚ましてくれた人こそ桑名さんだったのです。

「そんなにつらい顔をして食べものを持ってきてもろうて、誰がうれしいんや。お前がちゃんと身体にエネルギーを溜め込んでいて、笑顔でやってくるから、被災者の人たちの心がゆるむんや」

このように、こんこんと私に説いたのでした。

実際に、桑名さんはたくさんのボランティアスタッフを船で連れてきて、スタッフの拠点を船に定めました。そして、集まったスタッフたちに「この船を一歩またいだら、普段の生活となんも変わらへんねん。せやから、飲んで食べて歌って笑って、エネルギーを充電すんねや。それで笑顔で被災者の方々とここに元気をもってこ」と言いました。ふらふらになって滅私奉公《めっしほうこう》をしたって、人を笑顔にすることはできない。こういう緊急時こそ、しっかりと自分自身の足場を確保した上で、持続的に長く活動を続けられる仕組みをつくらなければいけない。そういうメッセージを、私は桑名さんの言葉から受け取ったのでした。

私はこのボランティア活動で起こった二つの出来事により、プラットフォーム屋として生きていくこと、またそのあるべき姿を知りました。

プラットフォームという仕組みは世の中を変えることができる。また、仕組みをつくることは大事ですが、それ以上にスタッフが笑顔で持続的に活動できるように、プラットフォームは運営しなければならないということを学びました。そうすることで人を笑顔にし、自分たちも笑顔でたのしくいられるのです。そう、持続的なプラットフォームの仕組みは笑顔から生まれるのです。

第二章　プラットフォームの「共有価値観」

――グーグル、アップル、フェイスブックを根本から読み解く

プラットフォーム運営に欠かせない視点「共有価値観」

私がプラットフォーム運営者を見るときに、もっとも大切にしていることがあります。それは「共有価値観《シェアード・バリュー》（Shared Value）」です。

これは、私が最初のキャリアを築いたマッキンゼー&カンパニーが提唱する、企業の分析に使う「7S（Seven S model）」というフレームワークの一つです。図のように「7S」の中心となる要素であり、その企業の社員が共通して持っている価値観を指します。「7S」の詳細については本論を逸脱しますので説明を省きます。

ここで大事なのは、企業が持つ組織やシステム（制度）・戦略、それに社員（人材）の働き方のもととなるスタイルやスキルといった具体的な要素の中心に、この「共有価値観」が置かれているということです。「7S」のフレームワークでは、企業にはさまざまな要素が存在し、またその中心に位置する共有価値観がそれぞれの要素との相互作用を引き起こしています。

この共有価値観を考える上で大事なのが、共有価値観には「内部向け」と「外部向け」

「7S」のフレームワーク

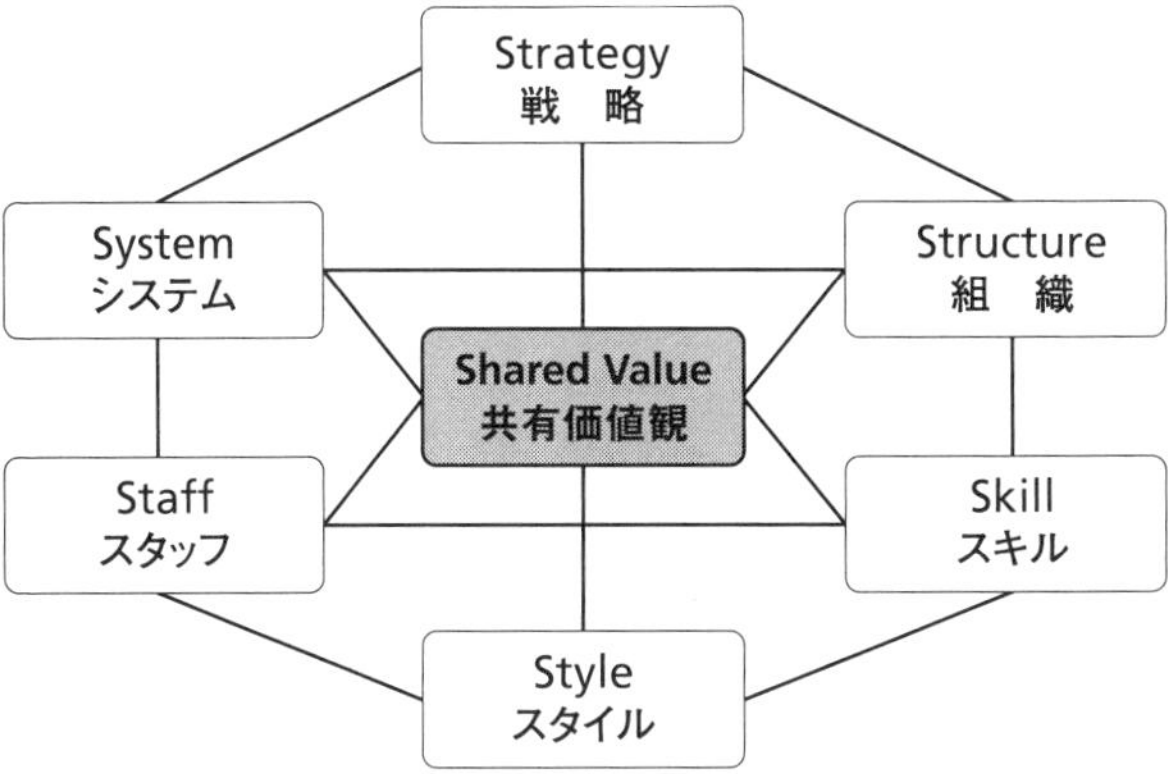

のものがあるという点です。例えば、私が所属したこともあるリクルートには、かつて「自ら機会を創り出し、機会によって自らを変えよ」という有名な社訓がありました。これは内部向けの社訓ですが、リクルートになぜ優秀な人間が集まるのか、その理由が凝縮されているのではないでしょうか。また、リクルートが提供するプラットフォームサービスを考える上で、絶対に欠かせない視点です。

また、外部向けに語られるおおやけの社訓や社是よりも、その会社のＣＥＯ（最高経営責任者）の発言に、むしろ会社が持つ共有価値観がよく現れている場合もあります。

例えば、アメリカの半導体メーカー「インテル（Intel）」の外部向けの社是には「6つの価値（Six Values）」と呼ばれるものがありますが、私が考える同社の内部向け共有価値観は「パラノイア」です。

これはインテル創業時の三番目の社員であり、元CEOのアンドリュー・グローブが残した「偏執狂《パラノイア》でなければ生き残れない」という名言から私が得たものです。実際にインテルの持つすごみは、まさに偏執狂のように細部までつくりこんだ製品の設計にあります。また、その共有価値観こそが彼らの持つ競争力の源泉になっていると私は考えます。

巨大IT企業の共有価値観を読み解く

「内部向け」と「外部向け」という共有価値観の視点をもとに、まずは現代のIT企業を代表するアップル（Apple）、グーグル（Google）、フェイスブック（Facebook）という三つの超国家的《メガ》プラットフォームを読み解いていきましょう。

ITが一般に普及してから二〇年あまり、またここ一〇年ほどでこの三社が提供するプラットフォームは、私たちの生活にとって欠かせないインフラに近いものとなりました。例えば、アップルの「iPhone」やグーグルのアンドロイド（Android）OSを搭載したスマートフォンなしの生活は、ほとんどの若者にとって想像できないでしょう。グーグルの検索エンジンのない世界を思い出せる人の方が少ないぐらいです。フェイスブックもいまやプライベートだけではなく、ビジネスにおける人間関係を維持するのに欠かせないプラットフォームになりつつあります。

つまり、私たちの生活や生き方そのもの、価値観はプラットフォームというインフラが進化する上に存在し、また提供されるプラットフォームは毎日のように上書き（アップデート）されています。

一方で、毎日のように上書きされるがゆえに、それらのプラットフォームが何を提供しているのかが見えづらくなっているとも言えます。

さらには、グーグルはアンドロイドOSを提供することでアップルと競合し、また「グーグルプラス（Google+）」というSNSを提供することでフェイスブックと競合しています。ビジネス誌が取り上げるような、いわゆる「アップルvsグーグル」といった単純な図式では本質が見えづらくなってきているのではないでしょうか。

アップルはなぜ「アップルウォッチ（Apple Watch）」という腕時計を華々しくデビュー

させたのでしょうか？

グーグルはなぜオートナビゲーションカー（自動運転車）を開発しているのでしょうか？

フェイスブックはなぜ、まだ一般ユーザー向けには製品化されていないバーチャルリアリティ（VR）のヘッドマウントディスプレイ「オキュラスリフト（Oculus Rift）」を、二〇億ドル（約二〇〇〇億円、為替レートは買収当時）もの高い金額で買収したのでしょうか？

これらの疑問を解き明かすカギこそが、彼らのビジネスモデルの背景にある「共有価値観」で、それに連なる製品やサービスの「哲学」を理解することです。

本書では、まずアップルとグーグルが提供する製品の「コンセプトビデオ」を比較しながら、共有価値観を読み解く方法をお伝えしたいと思います。これさえ押さえてしまえば、表面的な製品情報や各社が掲げる戦略を超えて、彼らプラットフォームが向かう先、また一貫性のある本来の姿が見えてくるでしょう。その本質への洞察から、ひるがえって彼らのビジネス上の戦略への洞察を深めることができるのです。

幸せなグーグルの共有価値観

まず、グーグルの共有価値観を紹介しましょう。彼らのミッションは「Organize the world's information and make it universally accessible and useful」です。グーグルジャパンのサイトには「世界中の情報を整理し、世界中の人々がアクセスできて使えるようにすることです」と書かれています。じつは原文のニュアンスがとても重要なのですが、それについては後述します。ともかくシンプルな共有価値観です。検索エンジンも地図もユーチューブも、すべてこのミッションにもとづいて、情報を集めて整理し、どこからでもアクセスできるように日々改善しています。

グーグルのすばらしいところは、このミッションがきちんとビジネスで活かされている点です。

私たちは有用な情報にすぐにアクセスができるグーグルの検索エンジンを使い、そこで知りたいことやほしい情報をキーワードとして入力するようになります。グーグルの社員が共有価値観にもとづいていいサービスをつくればつくるほど、ユーザーの欲求や意図（インテンション）が集まってくることになります。するとグーグルが集めたユーザーのインテンションに対して、お金を出してでも自分たちの情報を伝えたい企業が現れます。つまり広告を出したい企業が出てきます。

そして、広告を出したい企業が増えれば増えるほど、グーグルはプラットフォームとしての幅を広げます。検索エンジン以外のサービスだけではなく、地図など別のサービスを使うユーザーに対しても、情報を伝えたい企業からお金を得ることができるようになるのです。ですから、グーグルは共有価値観にしたがって、とくかく情報を整理して、アクセスできるようにすればするほど、ユーザーのインテンションが集まり、企業の広告が集まり、お金を得ることができるというとても幸せな状況でいることができるのです。

では、こうしたグーグルの共有価値観を前提に、彼らの製品やサービスに宿る哲学を読み解いていきましょう。

「グーグルグラス」のコンセプトビデオに込められた哲学

二〇一五年一月、グーグルは開発者向けにベータ版として販売していた、眼鏡型ウェアラブル端末「グーグルグラス（Google Glass）」（以下、グラス）からの一時的な撤退を発表しました。

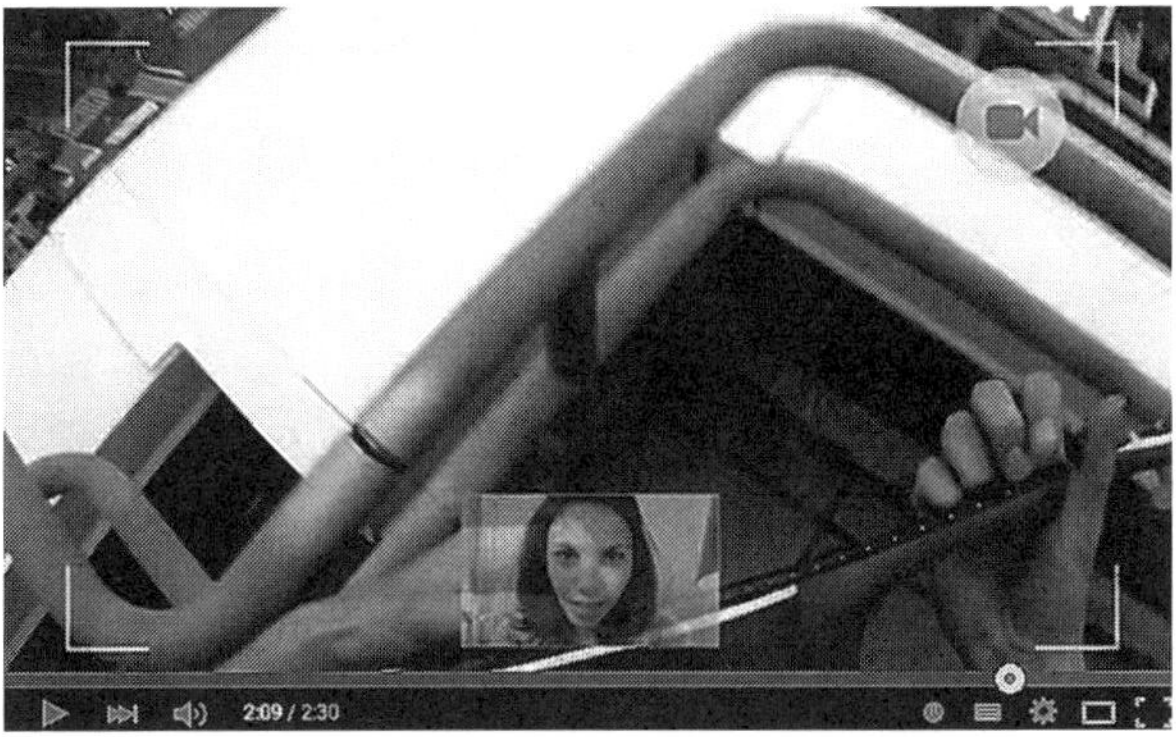

グーグルの「プロジェクトグラス」オフィシャルコンセプトビデオ「ある日」

このグラス、発表当初こそＩＴギーク（おたく）たちを中心として熱烈に歓迎されたものの、販売された期間の後半ごろになると、シリコンバレーでも評判を落としました。レンズを見るときに視線が右上を向くのがアホっぽく見えるため、グラスを大まじめに使っている人間を揶揄《やゆ》して「Google Glasshole」（「asshole」は英語で「バカ野郎」を意味する俗語）とからかわれていたほどです。

現状のグラスは、ユーザーが期待していたほどのものにはなっていなかったということでしょう。グーグルはひとまず撤退した上で、再び研究所での開発体制に戻すことになったというわけです。

ただ、このグラスという製品をとおして、その奥底にはグーグルが持つ思想ともいえる哲学がとてもわかりやすく現れています。特にそれが簡潔に表されているのがグラスのコンセプトビデオです。前著『ITビジネスの原理』でもご紹介しましたが、もう一度共有価値観という視点をとおして、コンセプトビデオを振り返ってみましょう。本書の執筆時点ではユーチューブ（YouTube）でも見られるようになっておりますので、ぜひ一度ご覧ください。

このビデオは、グラスの持ち主が朝にベッドから起きるシーンで始まります。まず注目したいのは、コーヒーを注ぎながら時計を見ると、今日の予定がグラスに表示されるというシーンです。また、続けて窓の外を見ると、今度は天気予報と気温が表示されます。

この二つのシーンは、グラスが持ち主のインテンション（意図）を先回りしたことを表しています。時計を見るという動作は、これからの予定が気にかかるからでしょうし、朝に目が覚めてまず空を見上げるという動作は、今日の天気が気になるからでしょう。このように、グラスはユーザーのインテンションや欲求を先回りして提示するデバイスなのです。

前著『ＩＴビジネスの原理』でグーグルの検索エンジンは検索ワードの入力により「ユーザーの求めるもの＝インテンション」を拾い上げて検索結果を提示する仕組みだと書きました。

グラスではさらに先に進んで、ユーザーのインテンションを現実世界の動作や行動から予測して、ユーザーが必要としている情報を先回りして提示することをグーグルは目指しているのです。その利点はどこにあるのでしょうか。さらに続けてビデオを見ていきましょう。

グラスの持ち主はハムエッグサンドを食べながら、声による音声入力でメールに返信をし、また食事に戻ります。このシーンも注目ですが、もう少しビデオを先に進めましょう。今度は外に出ましたが、乗ろうとした地下鉄が止まっているようです。するとグラスにルート案内が表示されました。普段は歩くことのない、見知らぬ土地でも目的地に向かって歩き始めることができました。ルート案内にしたがって歩くなかで、犬をなでるシーンがあります。一見するとなにげないシーンですが、じつは大変に重要なシーンです。解説をしていきましょう。

スマホを使うときを思い浮かべてほしいのですが、メールを送信したり、地図で道順を調べたりするのは、それなりに面倒な作業です。もちろん、万年筆で手紙を書いてポストに投函していた時代に比べれば、メールの文章を入力するぐらいなんてことないでしょう。地図を開いて道順を確認するよりは、現在地を表示してくれるスマホは便利です。しかし、やはりスマホを取り出して操作をしなければなりません。

そう、この持ち主は視線をずらすことなく、グラスがインテンションを先回りして次にすべき行動を提示してくれるおかげで、注意力をさかれることなく、あらゆる行動に集中できているのです。音声入力でサッとメールを返信してしまえば、食事をたのしむことができます。道に迷うことがなければ、街なかでの犬との出会いに気づき、ちょっとした触れ合いをたのしむことができるのです。スマホの地図をじっと見ながら歩いているときは、犬がいることすら気づかないで通りすぎていたかもしれません。

「マインドフルネス」の目指す世界

続くシーンを見ていくと、このグラスの持ち主は街なかのポスターを見て、ウクレレの演奏に興味を持ったようです。そして、彼が書店に行くと『一日で弾けるウクレレ』という本がグラスに表示されて、その案内にしたがって本棚へと向かい、その本を購入しました。

次に彼は「近くを友人が通った」とグラスに教えられて、その友人に出会います。街なかでいっしょにおやつを食べたり、かっこいい風景を一瞬にしてグラスで撮影したりして過ごします。

ビデオの終盤はとてもなごやかな光景です。夕方、彼はおそらくガールフレンドと思われる女の子と、グラスを通して自分の視界を共有します。夕陽を前に、ビルの屋上で今日覚えたばかりのウクレレを弾くシーンで終わるのです。

みなさんは、このコンセプトビデオを見て何を感じるでしょうか。ぜひ考えていただきたいのは、このビデオに秘められたグーグルの哲学が何かということです。

それをひとことで言うと、「マインドフルネス（Mindfulness）」だと私は考えます。

この言葉は最近になりテレビ番組などでも「米国シリコンバレーのＩＴ企業で流行中」という触れ込みでしばしば取り上げられているので、聞き覚えのある人もいらっしゃるかと思います。実際に、シリコンバレーでは大変に重要になってきている考え方です。

ではマインドフルネスとは何でしょうか。

私はこの言葉を人に説明するときに、まずレーズンを配ります。そして「レーズンを一粒だけ手にとって口に含み、ゆっくりと味わいましょう」と伝えます（もしレーズンが近くにあれば試してみてください）。全員が一粒のレーズンを味わい終えたら、今度はレーズンを大量に配って、「一気に口の中に入れて、しゃべりながら食べてください」と伝えます。そうすると、しゃべりながら大量のレーズンを口に入れたときよりも、一粒のレーズンをゆっくりと味わうほうが、レーズンの複雑な甘さを味わい尽くせていたことに気づくのです。

この一粒のレーズンを味わい尽くしている状態がマインドフルネスです。この状態にあると、私たちは過去や未来のさまざまな雑念にとらわれることなく、目の前の出来事に集中できるようになります。そして、なんでもない出来事からも高い満足感を得られるようになるのです。

このマインドフルネスをもっともよく表現していると言われる楽曲が、二〇世紀を代表するジャズミュージシャンの一人であるルイ・アームストロングの『この素晴らしき世界(What a Wonderful World)』です。この曲の歌詞は、ベトナム戦争から帰ってきた兵士が、自分の家のなんでもない庭や青空を眺めて、幸せを噛みしめる姿を描いたものだと言われています。この帰還兵の状態を、日常の生活を過ごしながら実現するのが「マインドフルネス」の目指す世界なのです。

グラスはまさにこのマインドフルネスを目指しています。余計な雑事はグラスが自動的に処理してくれるので、メールを気にせずにハムエッグサンドを大事に味わい、かわいいワンちゃんと触れ合う心の余裕を持ち、ポスターを見たときにウクレレをやりたいと思っていた自分に気づくことができたのです。

よくグラスを揶揄して「視界に通知が出てきて、うるさいに違いない」と言う人がいます。かつての携帯電話のコンシェルジュ機能のように、きっとお節介なのだろうと言う人もいます。しかし、このコンセプトビデオを正しく読み解き、その背景にあるマインドフルネスというグーグルの哲学を理解することができれば、そうした評価とグーグルの目指す世界がいかに対極に位置するかがすぐにわかるでしょう。

グーグルはなぜ自動運転車をつくるのか？

このマインドフルネスという哲学を理解できれば、グーグルが手がける多種多様な事業の目指す先も見えてきます。

例えば、実用化が秒読み段階に入ったとアナウンスされているオートナビゲーションカー（自動運転車）をグーグルはなぜ開発しているのでしょうか。検索エンジンと車のあいだには一見何の関連性もないように見えますが、グーグルの哲学は一貫しています。

車社会である米国では、平均して人々は二時間を自動車のなかで過ごしていると言われています。オートナビゲーションカーは、浪費されている人々の運転時間を取り除くためのものです。コンピュータが自動に運転してくれることで、車が目的地に向かうまでの間、私たちは音楽に耳を傾けたり、風景をたのしんだりすることができます。運転さえ人間のする必要のない雑事だとグーグルは考えるのです。

また、人間は見慣れた道を無意識に選びます。その方が脳の処理すべき情報量が少なくて済むからです。でもオートナビゲーションカーであれば、初めて通る道に挑戦するのは容易です。ルートごとの時間も表示してくれるので、「到着時刻があまり変わらないのならば、今日はいつもと違う道で行こう」という判断も迷うことなくできるのです。いつもと違うからこそ、新しい発見があるのです。

みなさんはスマートフォン向け位置情報ゲーム「イングレス（Ingress）」をご存じでしょうか。世界中で大人気となっており、最近では日本でもプレイする人が増えてブレイク中のゲームです。この「イングレス」はグーグルの社内スタートアップ「ナイアンティックラボ（Niantic Labs）」が開発、運営をしています。

「なぜグーグルは位置情報ゲームをつくるのだろうか?」と思われる方もいらっしゃるかもしれません。じつはこの「イングレス」こそ現在のグーグルの哲学をもっとも体現しています。

このゲームの製作の指揮をとっているのがジョン・ハンケ氏です。彼の発言には「マインドフルネス」をふまえたものが数多くあります。

例えば、彼がしばしば語るのが「HDリアリティ（High Difinition reality）」です。日本語に訳すと「解像度の高い現実」という意味になるでしょうか。つまり、高解像度のテレビできれいな映像を見るときのように、「イングレス」をプレイすることによって現実空間を細部まで味わえるようになるというわけです。

「イングレス」のプレイヤーはゲームをプレイするために地元の街を探索するうちに、しばしば見慣れた周囲の風景が変貌していくことに驚くと語ります。彼らはゲームを通じて見慣れた風景にもより強い好奇心を抱き、新しい現実を発見できるようになったのです。

この「HDリアリティ」は、すでに紹介したグーグルが掲げる「世界中の情報を有機的に組織化して、それをいつでもどこでも使えるようにする（Organize the world's information and make it universally accessible and useful）」という共有価値観に深く根ざしたものです。

重要なのは、「有機的に組織化する（organize）」と「いつでもどこでも（universally）」の二つの言葉です。

情報が目の前にあっても、その魅力に気づける状態でなければ、決して「有機的」とは言えません。そして、それがすべての分野で起きなければ、「いつでもどこでも」とはなりません。よくグーグルという会社がすべてを自動化して人間の仕事を奪おうとしているのではないか、などと語られることがあります。それが間違った見方であり、本来の目的が別のところにあることは共有価値観や哲学を読み解けば見えてくるはずです。

例えば、グーグルには「ゼロ・クリック・サーチ（Zero Click Search）」という考え方があります。現在の検索エンジンはユーザーが検索窓に単語を入力するものですが、その入力してもらうこと、さらには検索結果から必要な情報をユーザーに選んでもらうことすら申し訳ない。そうした発想がこの「ゼロ・クリック・リサーチ」の根底にあります。機械ができることは機械がやり、人間にしかできない、今、目の前にある現実やそこに広がる可能性に集中してもらう——その発想こそがマインドフルネスです。

グーグルの目指す世界は、あくまでも人間が選択肢を増やして、能動的に生きられる手助けをすることです。その美学が余計な手間の自動化であり、マインドフルネスという哲学です。まったくグーグルらしい幸福についての考え方だと私は思います。

アップルの哲学を読み解く

次にアップルのコンセプトビデオから哲学を読み解いていきましょう。

「シンク・ディファレント（Think different）」はあまりにも有名なアップルの広告コピー

ですが、この言葉は、アップルの創設者である故スティーブ・ジョブズが社を追い出されたものの、のちに復帰し、以降に制作されたアップル・コンピュータのテレビCMなどで使われたものです。そのまま訳せば「ものの見方を変える」ですが、この言葉には「誰かと違う自分だけの考えを持とう。そのための助けをするのがアップルなのだ」という彼らの強い共有価値観が込められています。

一九九七年の「シンク・ディファレント」から二〇年弱の時が経ち、近年のアップルが持つ製品哲学や共有価値観はさらに深みを増していると私は感じております。

その深みはアップルが新製品のためにつくるコンセプトビデオに凝縮されています。例えば「iPad Air」のビデオ「What will your verse be?」を見ていきましょう。

このビデオでは、故ロビン・ウィリアムスのナレーションと共に、さまざまなクリエイター、スポーツ選手、あるいは日本の歌舞伎や相撲をふくめた、世界中の文化風俗の美しい光景が描かれます。

注目していただきたいのは、タイトルにある「ユア・ヴァース（Your verse）」という言葉です。公式には「あなたの物語は何ですか？」と訳されていますが、実際の意味合い

アップルの「iPad Air」コンセプトビデオ「あなたの物語は何ですか?」

は少し異なり「ヴァース」は「韻文詩」などを意味する言葉です。この「ヴァース」がさまざまなシーンが登場するなかで繰り返され、この言葉に複雑なニュアンスを与えています。そしてビデオの最後に流れるロビンの言葉が「あなたのヴァースは何ですか?」という問いかけです。とても余韻のある終わり方です。これはどんな問いかけを意味するのでしょうか。

読み解くカギがその直前に引用されている、米国の国民的な詩人ウォルト・ホイットマンの詩「O Me! O Life!」にあります。タイトルを日本語にすると「おお私よ! おお人生よ!」といった意味になるでしょうか。

ホイットマンはこの詩のなかで人生の意味を問

いかけ、その回答として「あなたがいること、命があること、そして己《おのれ》があること」と答えました。ビデオでは、その一節の引用に続けて二度、ロビンは「力強く続く演劇に、君も一編の詩（ヴァース）を寄せることができる」と繰り返して、最後に私たちに「ユア・ヴァース」を問うのです。

では「力強く続く演劇」とは、何なのでしょうか。そのヒントはさらにビデオをさかのぼり、冒頭に出てくる「ただ魅力的だから詩を読み、書くのではない。それは私たちが人類の一員だからである」というフレーズにあります。つまり、ここで言及される「力強く続く演劇」とは、人類の一人ひとりが織りなす歴史そのものです。

ロビンは次のようなことを語りかけます。「人類の一員として、私たちは医学や法律やビジネスやエンジニアリングの発展を担っている。そして、その活動の根底には己の存在があり、情熱がある。一体、自分は何者なのか。その情熱が人類の歴史に寄せる『ヴァース』なのだ」――このコンセプトビデオを通して、アップルは私たちに「人類は『ヴァース』をつくる情熱を持っているのだ」という共有価値観を伝えているのです。

英語の「verse」に「単一の」という接頭辞の「uni-」を付けると、「宇宙」などを意味する「universe」という言葉になります。これをふまえると、「ヴァース（verse）」は人類という一つの宇宙を形づくる一人ひとりの「あなただけの小宇宙」とも言えるかもしれません。

「シンク・ディファレント」以降にアップルがたどり着いた哲学。それが「ユア・ヴァース」という言葉に込められているのです。

「シンク・ディファレント」という言葉を思い返せば、かつてのアップルは他人と違う人間になるツールを提供する会社に過ぎず、その先には「では、他人と違うあなたは一体何を考えているのか」という問いがあったはずです。もちろん、アップルは私たち一人ひとりに人生のアドバイスをくれるわけではありません。しかし「私たちはあなたの情熱を拾い上げて、あなただけの『ヴァース』を生きられるように手助けをします」と背中を強く押す。「iPad」はそうしたアップルの共有価値観を込めてつくられた、表現のためのデバイス（装置）だったのです。

グーグル vs アップルの根本的な違い

ここまでグーグルとアップルのコンセプトビデオを見ながら、両者の持つ共有価値観の違いを解説してきました。グーグルの「マインドフルネス」も究極的には自分なりの幸せを探すことですから、アップルの「ユア・ヴァース」と似ているように見えるかもしれません。しかし、アップルが持つ「ユア・ヴァース」の方がよりメッセージが具体的であり、両者には明確な違いが見られると私は思います。

例えば、グーグルにはカレンダーに記入した住所をもとに、これから移動する経路の渋滞情報などを表示してくれる機能を持つ「Google Now」というサービスがあります。その「Google Now」を開発していた当時、私もグーグルの人間でした。そこでCEOのラリー・ページが次のような発言をしていたことを記憶しています。

「俺はセルゲイ・ブリンと未来についてのバカ話をするのが大好きなんだ。だからこれから行く先の渋滞情報が自動で届けば、余計なことに気をめぐらせずにバカな話を、少しでも長く続けられるじゃないか」

ページとブリンは言わずと知れたグーグルの共同創業者ですが、コンセプトビデオでは「ウクレレ」で、ページは「親友とのバカ話」というわけです。ページからすれば、「バカ話」というのはコンピュータが自動化してくれたから生まれた、人間らしい日常だという認識なのです。

アップルは違います。ある意味でお節介な話ではありますが、アップルにとってのコンピュータは人間を変える存在なのです。このデバイスを使えば、あなたのなかにある情熱の熱い血を引き出せるのだから、他人とは違うあなただけの「ヴァース」を引き出せ、と言うのです。このメッセージは、特に先ほど紹介したコンセプトビデオ中の新製品でもある「iPad Air」以降に強く打ち出されるようになりました。もしかしたら今は亡きスティーブ・ジョブズの哲学だったのかもしれません。

アップルの「ユア・ヴァース」という哲学は、じつは二〇一五年四月に発売されて話題となった「Apple Watch」のコンセプトビデオのなかでも探求されています。大変に興味深いものですので、同じように見ていきましょう。

まずビデオの冒頭で「make it accessible, relevant, and ultimately personal」という言葉が登場します。これを私なりの多少くだけた言い方で日本語にすると「(この時計があれば) 世界中の情報がお前に紐づくから、もう世界はお前の一部になるんだし、お前らしくなれるんだぜ」ということです。アップルらしい共有価値観がよく出ています。同じように「バイタル (vital)」という言葉が何回か登場するのですが、これは訳すと「生命力を持った」という形容詞です。つまり、この「Apple Watch」はあまりに直感的に使えるので、あたかも時計が身体の一部になったかのように思えるはずだ、と主張しているのです。

特に重要だと思うのはビデオの中盤から後半あたりからで、「ニュアンス・コミュニケーション (Nuance communications)」という言葉が登場します。日本語でもよく「微妙なニュアンス」というように使われますが、この言葉といっしょに「Apple Watch」の相手に自分の鼓動を送れる機能を紹介しています。つまり、身体が躍動するデータをそのまま時計を通じて相手に届けることで、言語を用いない微妙なニュアンスのコミュニケーションが可能になると提案しているのです。まさにアップルの時計が「バイタル」な存在として直感的に人々をつなごうとしている、というわけです。

コンセプトビデオを読み解くことでわかるアップルの共有価値観は、残念ながら表面的なビジネスモデルをなぞるだけでは理解することができません。「Apple Watch」がユーザーの心拍数を取得できるらしいという情報は発売前から言われておりましたし、アップルのヘルスケア領域ビジネスへの進出はすでに見込まれていたことです。しかし、こうしたアップルの哲学ともいえる共有価値観を知ることで、それぞれの製品がなぜそこに存在するのか、もっといえばアップルがこの製品をつくることでなにを実現したいのか、その世界観が見えてくるのです。

さて、せっかくコンセプトビデオを深く読み解いてきましたので、さらに深掘りをしてみましょう。

アップルのコンセプトビデオ全体を通じて言えることですが、私が思い浮かべるアップルのイメージはアメリカ人の「禅（ZEN）」です。ジョブズが「禅（ZEN）」に傾倒していたことは有名な話ですが、日本人の考える「禅」とは少し違うように思います。「禅（ZEN）」を愛好する米国のビジネスパーソンはたくさんいますが、彼らの考える「禅

(ZEN)」は、端的に言えば「他人と違ってもいい。お前は強く生きられるのだ」というように、アメリカ人の好みが反映された、極めてアメリカ化された「禅(ZEN)」です。これがアップルの共有価値観にかなり近いと感じます。

本来の「禅」はそのようなわかりやすい生き方に対するメッセージはありません。それこそ、禅宗において修行者が悟りを開くための課題として与えられる問題「公案《こうあん》」は、その深遠な問いかけを通じて、人間がくもりのない眼で周囲を見渡せるようになることに焦点をおいています。

こうやって考えてみると、じつは「禅」という意味においては、グーグルの「マインドフルネス」や「HDリアリティ」といった世界観の方が近いというのがおもしろいところです。

もしかするとグーグルは、かつてはハードな内面の修行でしか到達できなかった禅僧の境地に、外の世界をどんどん自動化することで物理的な雑念を減らし、到達しようとしているのかもしれません。

共有価値観がわかれば世界が見える

気がつけばグーグルとアップルの違いがはっきりと見えてきました。グーグルが日本的な「禅」に近いものを目指しているのに対して、アップルはアメリカ的な「禅（ZEN）」を目指している。このように整理できるのではないでしょうか。

このように共有価値観や哲学を読み解けば、ほかの製品やサービスにおけるビジネス戦略も深いレベルで理解できるようになるはずです。実践してみましょう。

例えばスマートフォンを考えます。グーグルがインターネットにオープンにアクセスできるブラウザを推進しているのに対して、アップルはアプリを推進しています。この二つのどちらが優れた戦略であるかという議論は、それぞれの「共有価値観の違い」という擬似問題を話しているにすぎません。どういうことでしょうか。

一見するとアプリがお金を生み出すビジネスで、ブラウザは課金がむずかしくてもうからないビジネスだと思われがちです。しかし、そうではありません。ロジカルに考えればブラウザならば機種の違いやそれぞれのOS（オペレーティングシステム）に依存することがありませんので、わざわざOSごとにアプリをつくり分ける必要がありません。一つつくれば「アンドロイド」端末だろうが「ウィンドウズ（Windows）」端末だろうが「iPhone」だろうが、すべてに対応することができます。同時に提供できるわけですから、むしろアプリよりもブラウザの方が収益が高くてもいいくらいでしょう。

ところが、グーグルのブラウザ戦略は苦戦しているといわれます。なぜでしょうか。その理由はたった一つ。アップルが自分たちの共有価値観を武器に、徹底的にユーザーを自社の製品にひきつけているからです。

一般的に知られることはほとんどありませんが、アップルの統一感のある美しい製品群や世界観の裏側には、その気持ちよい使い心地やデザインを保ち続けるための努力があります。それは特許をめぐる激しい攻防戦でもあります。

例えば、アップルのPC「MacBook」をスリープ状態にするときのLEDライトの点滅速度は、人間が眠るときに心拍数が下がり、心臓の鼓動がゆっくりになる速度と同じように変化します。これが人間の無意識レベルでの気持ちよさにつながります。たとえるなら我が子を眠りにつけるときの愛おしさに近いでしょうか。

アップルはこうした細かい操作の一つひとつにおいて特許をとり、他社に真似されないようにふせぐ一方で、ユーザーを自社の製品や共有価値観にひきつけるのです。

ビジネスの戦略をより深く理解する

では、グーグルはどのような戦略を持っているのでしょうか。例えばコンセプトビデオでもご紹介した「グーグルグラス」を思い出してください。ベータ版でユーザーに提供することで批判を浴びることはありましたが、開発中の製品をリリースし、ユーザーといっしょにつくっていくのだというチャレンジングなことができるのはやはりグーグルです。アップルは「私たちはあなただけの『ヴァース』を生きられるように手助けをします」という共有価値観を持つ以上、開発中の製品をリリースするのはアップルにはなかなかできない戦略です。

ではベータ版でリリースすることの優位性は何でしょうか。これこそが、何の手がかりもなくブランド名を思い浮かべることができる「純粋想起」を獲得するということです。グーグルはひとまず「眼鏡型ウェアラブル端末＝グーグルグラス」という地位を確保することに成功したのです。一度失敗したとはいえ、グーグルの理想を実現するにはまだ早すぎたというだけの話です。グラスの今後には私も期待しています。

こうしたビジネス戦略は、プラットフォームが営利企業である以上、とらなければならないものです。一方で、これらの戦略がただ単に利益を追求するためだけにあるものではない、ということも理解していただきたいと思います。

じつをいえばグーグルはブラウザを推進するビジネス上の理由はほとんどありません。たしかにブラウザで検索したときに、グーグルは広告収入を得るでしょう。しかし、グーグルが提供するスマートフォンのOS「アンドロイド」が世界市場の約七割を占め、アプリストアでの販売収入で莫大な利益を上げている状況で、ブラウザを積極的に推進する理由はほとんどないでしょう。

ではなぜグーグルはブラウザの推進に熱心なのか。これはやはりグーグルの共有価値観「人々に共有する力を与えて、世界をよりつながれたオープンな場にすること」でしか説明することができません。

このように、ビジネス誌などでは「グーグル＝ブラウザ vs アップル＝アプリ」とひとくくりにされてしまうような競争の背景には、利益追求という市場の論理だけでは見えないプラットフォームの姿があります。言い換えれば、グーグルとアップルという世界を代表する二つの超国家的プラットフォーム企業が持つ「共有価値観」の激突があるのです。

フェイスブックの共有価値観

いよいよ三つ目の超国家的プラットフォーム「フェイスブック」の共有価値観を読み解いていきましょう。グーグルとアップルを追撃するように、フェイスブックでも最近になって注目すべき動きが始まっています。

二〇一五年の開発者向けイベント「F8」において、フェイスブックは今後の開発方針をいくつか発表しました。そのなかでもっとも注目すべきものは、バーチャルリアリティ（VR）分野への本格的な進出です。

本章の冒頭でも触れましたが、フェイスブックはまだ一般ユーザー向けには製品化されていないVRヘッドマウントディスプレイ「オキュラスリフト」（以下「オキュラス」）を、二〇億ドルで買収しました。ご存じの方はこの報道を聞いて、「フェイスブックがVRに進出してどうするのだろうか」と少し不思議に思ったのではないでしょうか。

欧米でも日本でもそうですが、フェイスブックはどちらかというと現実の生活が充実している人に向けた、いわゆる「リア充」向けのプラットフォームサービスだというイメージがあります。その一方で「オキュラス」は仮想世界の技術を使ったゲームをプレイするための機器というイメージです。視界を完全に覆うことで高い没入感をもたらすものとして期待されています。

このように一見するとそれぞれのイメージに相反するような買収劇がなぜ起こったのでしょうか。その謎を解くカギも、やはりフェイスブックが持つ共有価値観にあります。彼らの共有価値観にせまるために、まずはフェイスブックの歩んできた歴史をみていきましょう。

フェイスブックはなぜユーザーを広げたのか

今でこそ世界各国に一四億人ものユーザーを持つフェイスブックも、SNS（ソーシャル・ネットワーク・サービス）としては比較的に後発のプラットフォームでした。では、なぜフェイスブックはユーザーを広げることができたのか。じつはここにプラットフォームの原理がかくされています。彼らの成長を見ていきましょう。

フェイスブックの登場以前にもっとも人気のあったSNSは「マイスペース（Myspace）」です。マイスペースは音楽やエンターテイメントの趣味を持つユーザー同士が交流するSNSとして急成長しました。楽曲の評価やダウンロードの仕組みがあることから、インディーズアーティストを中心に評判を呼び、やがてそのファン同士が交流するSNSとして成長し、やがて一般的にも利用されるようになったのです。

少しだけ脱線しますが、マイスペースがインディーズアーティストを中心にして評判を獲得していった点はとても重要です。というのも、プラットフォームが上手にまわっていくためには、情報の送り手と受け手の「収穫逓増《しゅうかくていぞう》」が起きなければいけないからです。収穫逓増とは聞き慣れない言葉かもしれませんが、これは生産規模が大きくなると、生産がより効率的になって、規模の増大分よりも収穫量が大きくなる、という法則を示した経済用語です。

この収穫逓増の法則を一般的なSNSに置き換えると、日記や記事を投稿する「送り手」が増えないと、それを読みにくる「受け手」が増えません。有益でおもしろい内容の記事を書く人（送り手）がいるから、その記事のおもしろさを求める読者（受け手）が集まってきます。よい読者がいるところには、当然のことながらよい書き手も集まる。これがプラットフォームにおいてはとても重要です。

この収穫逓増をうまく起こすには、インディーズアーティストのように小さくても濃いコミュニティを持ち、熱いモチベーションを持つユーザーたちを集めるのがいちばんです。濃い情報を求め、自分でも発信したいと思うようなユーザーがいてこそ、そこに喜んで情報を投稿しようという熱気が生まれるからです。逆にユーザー同士の熱量が少ない場所では記事の投稿も減り、読者も集まりません。このサイクルをうまくまわすことができれば、ユーザーがどんどん広がっていく状態になるのです。マイスペースはこのサイクルにうまく乗ったといえるでしょう。

では、フェイスブックはどのように誕生したのでしょうか。フェイスブックの創業ストーリーは映画『ソーシャル・ネットワーク』でも描かれていますが、マイスペースの収穫逓増にならえば、フェイスブックが大学生にターゲットをさだめたSNSであったことがとても重要でした。しかも、初期のフェイスブックがユーザーを広げたのはハーバード大学、スタンフォード大学、コロンビア大学などの、いわゆるアイビーリーグの名門大学の優秀な男子大学生たちでした。これにより名門大学の男子大学生を目当てとする女子大学生が次々とユーザー登録をします。まさに送り手（アイビーリーグの男子大学生）が受け手（女子大学生）を呼び、受け手（女子大学生）が送り手（他大学の男子大学生）を呼ぶという形で、フェイスブックの収穫逓増サイクルはまわりはじめたのです。

もう少しユーザー視点で詳しく言い換えましょう。フェイスブックはまず名門大学というブランドと、匿名ではなく実名制による安心感でユーザー同士のコミュニケーションを促進しました。次に在校生だけではなく、卒業生にまで広がりました。そして卒業生の大半は社会人ですので、会社のネットワークにまで広がり……というように規模を拡大していきました。

再びプラットフォームの運営側の視点になりますが、はじめはアイビーリーグの男子大学生だけ（内部）だったものが、他大学の大学生から卒業生（外部）へと広がっていく過程を組み込めることがとても重要です。

マイスペースも同じように、特定のアーティストを好きなファン同士のライフスタイルが似ていることが拡大要因の一つになりました。音楽のファンコミュニティからスタートしたSNSが、収穫逓増のサイクルがまわるなかで徐々にライフスタイルコミュニティへと広がっていったのです。あるアーティストのファンが、そのアーティストと似た音楽ジャンルのファンを呼び、似た音楽ジャンルのファンが次は似たライフスタイルのユーザーを呼び……というように、うまくスライドして広がっていくことで、最終的には一般ユーザーまで到達したのです。

マイスペース vs フェイスブックで勝敗を分けたもの

フェイスブックはなぜマイスペースに勝つことができたのでしょうか。決定的な役割を果たしたのが「オープンプラットフォーム戦略」です。

フェイスブックはまず優秀なエンジニアをたくさん雇い入れました。そして高い技術をもって、フェイスブックのなかで動かすことができるアプリをいろいろな会社が開発できるように、その仕様を決めてオープンにし、フェイスブックのユーザーにとって利便性の高いアプリを開発し、また提供してもらうようになります。わかりやすくいえばスマートフォンにおいて、いろいろな会社がアプリを提供していることと同じです。ここではスマートフォンのOSにあたるものがフェイスブックというわけです。

いろいろな会社がなぜわざわざフェイスブック向けのアプリをつくるのか。当たり前のことですがユーザーが多く、利益を得るチャンスがそこにあるからです。ここでも収穫逓増のサイクルがまわっていることに注目してください。便利なアプリが増えれば増えるほどフェイスブックのユーザーは増え、ユーザーが増えれば増えるほどアプリを提供したい会社も増えます。こうしてフェイスブックの魅力を高めるための新しいサイクルを生むことができたのです。

こうしたアプリのなかでも、特に大流行したのがフェイスブック上でつながる友だちと遊べるゲームアプリです。リアルにつながる友だちとSNS上のゲームで遊ぶことができるのですから、便利でたのしいわけです。ちなみに日本で大ヒットした最初のソーシャルゲームと呼ばれるモバゲー（Mobage）の『怪盗ロワイヤル』は、フェイスブックで大流行した『マフィアウォーズ（Mafia Wars）』というゲームのシステムに大きく刺激を受けて開発されたゲームだといわれます。

フェイスブックのゲームが大流行し、周囲の友だちを次々と巻き込んでいったことで、やがてフェイスブックを使うユーザーたちにも自分たちこそがメインストリームであるという「主流感」のようなものが生まれます。

この「主流感」は「なんだ、そんなことか」と思われるかもしれませんが、決してバカにはできません。いや、プラットフォーム論においてはむしろ本質的ともいえるぐらいの要素です。人は「このサービスは主流だな」と思えるプラットフォームを選ぶものなのです。

フェイスブックはさらにオープンプラットフォーム化を進め、フェイスブック以外のウェブサービスやアプリのユーザー登録時に、フェイスブックのIDで登録できるように門戸を開放します。このさらなるオープンプラットフォーム化は、フェイスブックというプラットフォームにインターネットにおける大変に重要な役割を与えることになりました。インターネットを当たり前に使う若者たちにとって、フェイスブックは「登録して当たり前のもの」であり、フェイスブックのIDはさまざまなサービスを利用するために、とりあえず「持っておくべきもの」となったのです。フェイスブックを利用するみなさんのなかにも、新しいネットサービスを使うときにフェイスブックのＩＤで登録した、なんて経験がある方がいらっしゃるのではないでしょうか。

このようにしてフェイスブックは単にユーザーを広げるだけでなく、「オープンプラットフォーム戦略」によりフェイスブックというサービスの利便性を高め、魅力をあげることによってユーザーを爆発的に増やしていったのです。

人間関係が劇的に変わった

ここまで詳しくフェイスブックの歴史をふり返ることができれば、ようやくフェイスブックが持つ「共有価値観」が理解できるはずです。彼らのミッションは次の言葉に集約されます。

「フェイスブックのミッションは、人々に共有する力を与え、世界をよりつながれたオープンな場にすること（Facebook's mission is to give people the power to share and make the world more open and connected.）」

そうです。「世界をよりつながれたオープンな場にすること」こそがフェイスブックの共有価値観として、高らかに宣言されているのです。なぜ彼らがオープンにつながることにそれほどまでにこだわるのか、この言葉にその意味が凝縮されているというわけです。

自身の共有価値観にもとづき、オープンプラットフォームを目指したからこそフェイスブックはユーザーを獲得し、その規模を拡大してきました。では、フェイスブックの共有価値観にもとづき提供されるプラットフォームを使う私たちは、そこからどんなものを受け取っているのでしょうか。

フェイスブックが世界や社会にもたらした大きな変化の一つが「シン・リレーションシップ・マネジメント（Thin relationship management）」によって、人間関係を維持する方法を劇的に変えたことです。日本語にすると「薄い関係性の管理」を意味します。説明しましょう。

みなさんは携帯電話やスマートフォンの電話帳に何人の友だちを登録しているでしょうか。数十人からせいぜい一五〇人、二〇〇人といったところでしょう。しかもその全員と日常的に電話することはまずありません。一方で、フェイスブックでは何人とでも、しかも実名制ですので相手の名前を知るだけでつながることができます。フェイスブックの友だちは、多い人で三〇〇人、五〇〇人、なかには一〇〇〇人を超える人もいるかもしれません。現実世界の人間関係ではどうしても数が限られてしまう関係性を、インターネットの世界に広げて人々をつなげることで、薄くても広い人間関係を維持することができるようになったのです。

薄く広くつながることのメリット

フェイスブックは世界の人々がよりつながれるようにするために、シン・リレーションシップ・マネジメントの機能を徹底的に拡充していきます。

決定的だったのはニュースフィード機能であり、またそこに画像を投稿する機能です。文字の入力をして投稿するよりも、スマートフォンで撮った画像をそのまま投稿するほうがユーザーも簡単です。また、その投稿を自分のニュースフィードで見るユーザーも、一枚の写真を見るのに必要な時間はせいぜい一、二秒でしょうから、スマホをとりだしてフェイスブックのニュースフィードをサッと三〇秒見るだけでも、数十人の友だちの行動がわかります。また「見たよ」とサインを送るのも「いいね！」をクリックするだけですから、ほとんど時間はかかりません。

かつてはときおり話しかけて「最近はどうしているの？」と聞き、ときには数十分もかけていたような会話が、毎日のようにたった数秒でできているようなものです。

「毎日のように」というのは人間関係を維持するためにはとても大切なことです。どんなに親しい友だちでも毎日のように会うことは不可能でしょう。それがむかしは月に一回、数か月に一回しか会わなかった友だちの近況が毎日のように確認ができるわけですから、これがいかに人間関係において劇的な変化をもたらしたかがわかるでしょう。フェイスブックを使っている方ならば、一度は「ここ数年は会ってないはずだけど、久しぶりという感じがしないね」という会話を友だちとした経験があるのではないでしょうか。

このシン・リレーションシップの登場で重要性を増したのが「ウィーク・タイ（weak ties）」です。「弱いつながり」という意味です。この「ウィーク・タイ」の重要性を指摘したのが、スタンフォード大学の社会学者マーク・グラノヴェッターです。彼は研究調査を通じて、人生の転機において決定的な影響を与える情報が「ちょっとした知り合い」からもたらされることが多いと発見して、それを「弱い紐帯《ちゅうたい》の強さ（The strength of weak ties)」という有名な論文にまとめました。

まさにフェイスブックはシン・リレーションシップ・マネジメントを通じて「ウィーク・タイ」を増やすことにつながるプラットフォームです。フェイスブックでつながる人の多くは、まさにちょっとした知り合い程度の人たちでしょう。こうした人と日常的につながっていることで、普段は必要と思っていなかった情報や、思ってもみなかったような情報が入ってきます。そのうちの一つがもしかしたら自分の視野を広げて、決定的なきっかけを与えてくれるかもしれないのです。

フェイスブックが情報の流れを変える

シン・リレーションシップ・マネジメントが私たちにもたらした、もうひとつの変化が「ソーシャル・アンプリファイア（Social amplifier）」です。音を増幅する役割を持つ音響機器を「アンプ」とよく言いますが、アンプリファイアは「増幅器」という意味です。

説明しましょう。例えば、ツイッター（Twitter）に自分がよいと思った他ユーザーのツイートを再投稿する「リツイート（ReTweet）」という機能がありますが、このリツイートが連鎖していくようなものがソーシャル・アンプリファイアです。シン・リレーションシップ・マネジメントを用いて、SNSで増えたつながりを維持できるようになり、この増幅が加速したのです。

こうしたソーシャル・アンプリファイアの機能を持つSNSは今まではツイッターが象徴的な事例でしたが、フェイスブックのニュースフィードも、このリツイートの連鎖に近い機能を持ちはじめました。例えば、あるニュースのリンクをフェイスブックでつながる友だちが共有し、また違う友だちも共有していたら、一つの投稿のなかで名前を連ねて表示されるのです。「あの人とあの人が共有しているニュースということは、とても重要なニュースなのだな」と、ユーザーは記事を読む前にリンク先の情報が自分にとって重要かどうかを判断できるようになりました。ツイッターがリツイートの数で判断されることが多いのと違い、フェイスブックでは人の信頼度と人数により情報の重みが判断されるというわけです。

フェイスブックがソーシャル・アンプリファイアの機能を加えたことは、メディアリテラシーの点でも有効です。フェイスブックのニュースフィードには、いつもいっしょにいる親しい友人と話す井戸端《いどばた》会議のような話題がある一方で、そんなに深い交流はないがつながっている知り合い同士が盛り上がっている話題もあります。こうした視点の異なる情報が重なりあうことで、私たちは複数の視点からものごとを見られるようになるのです。

ここにはマスメディアから一方的に情報を受け取るような画一的な情報取得とは違う、フェイスブックならではの情報の受け取り方があります。

フェイスブックのソーシャル・アンプリファイアはインターネットの情報の流れに決定的な影響を与えています。

例えば、かつてのパソコン通信や「2ちゃんねる」に代表される掲示板は、現実世界の人と人とのつながりを前提としているわけではありません。そのため、善意のコメントよりも、無責任で悪意のあるコメントがあふれる世界でした。しかし、フェイスブックのニュースフィードでは、コメントの発言者がどのような属性の人間かが明らかにされています。その結果、たとえ悪意のあるコメントが波紋のように広がったとしても、すぐに善意の波紋が広がり可視化されます。やがて悪意と善意はつながり、共鳴し、均衡していくことになるのです。

フェイスブックはなぜオキュラスを買収したのか

「人々に共有する力を与え、世界をよりつながれたオープンな場にする」というフェイスブックの共有価値観がしっかりと理解できたところで、そろそろ「オキュラス」を買収した理由が見えてきました。

フェイスブックはできるだけ人々につながっていてほしい、オープンな世界にしたいと考えています。あくまで仮定の話ですが、もし人々が「オキュラス」を付けて、一日の大半をバーチャルリアリティの空間で過ごしたならば、物理的な距離を超えてたくさんの人とつながり、またたくさんのことを共有することができます。つまり、フェイスブックは世界をよりつながれたオープンな世界にするために、「オキュラス」を買収したのではないでしょうか。

バーチャルリアリティといえば、かつて大ブームにもなった「セカンドライフ」というインターネット上の仮想空間で、ユーザーが好みのアバターとなり過ごすというサービスがあります。これをフェイスブックが「オキュラス」で実現しようとしているならば、実名制をもとにした世界になるわけですから、セカンドではなく「ファーストライフ・オン・バーチャル」という言い方もできるのではないでしょうか。

「リア充」向けだったはずのフェイスブックが、いつの間にか仮想空間に向かっている、ということに矛盾を感じる人もいるかもしれません。しかし、ある意味で「オキュラス」は究極の「リア充」ツールと考えることもできます。仮想空間ならば、シン・リレーションシップ・マネジメントを、より没入感のある現実に近いかたちでできるわけですから、つながりが強固になるかもしれません。

なんとも不思議な話ではありますが、フェイスブックの共有価値観から「オキュラス」を読み解けば、その発想の延長線上にあったものだったとも言えそうなのです。

人間関係のOSになる

「オキュラス」をめぐる話題は想像力をかきたてられますし、個人的にもその可能性にとても興味を持っておりますが、もちろん共有価値観から純粋に発想された戦略だとは必ずしも言い切れません。

アップルvsグーグルの対決も、根本には共有価値観の背景がありながら、互いのビジネス領域をめぐる激突でもあります。ユーザーが自社のサービスに滞在する時間を伸ばし、メディアとしての価値を高め、広告収入をあげていかなくてはならない。営利企業として利益をあげていかなくてはならないという株主からの要請があるのもまた事実です。

先ほど二〇一五年の開発者向けイベント「F８」において、フェイスブックが「オキュラス」によるバーチャルリアリティ分野への本格的な進出を発表したと書きましたが、その他にも今後の開発方針について語られています。なかでもユーザー同士がメッセージのやり取りをする機能において、ビジネス向けに開発を進めていることを発表しました。こうした少しばかり地味に見えるトピックのなかにこそ、フェイスブックの共有価値観が端的に現れていると思いました。

ＰＣの時代はインターネットを閲覧するブラウザにユーザーの行動履歴が蓄積され、さまざまな広告ビジネスが広がりを見せていました。しかし、スマホの時代へと移り変わり、ユーザーはアプリごとにサービスを利用するため、ユーザーの行動を広告ビジネス側が把握しづらくなっています。その背景があるからこそ、多種多様なアプリに同じＩＤでログインできるフェイスブックのようなプラットフォームの存在は価値を増しているのです。約一四億人というユーザー数を武器に、今後もネットサービスの基本的なインフラとなるべく、広告主向けのデータ解析ツールや開発会社が新しいアプリケーションを開発しやすい環境整備を着々と進めていくと宣言しています。

このようにフェイスブックがあらゆるネットサービスの基本的なインフラを目指している姿を、私は「人間関係のOS」と表現しております。超国家的プラットフォームが世界でしのぎをけずるなか、フェイスブックはPCにおけるマイクロソフトのウィンドウズOSのような、歴史的にも重要な役割を果たしはじめているからです。

ビジネスだけの話ではありません。ひとたび世界に目を向ければ、チュニジアの「ジャスミン革命」も香港の「雨傘革命」も、フェイスブックという超国家的プラットフォームの存在なしには起こり得なかったことでしょう。後の章で解説をしていきますが、ITをベースにしたシェアリングエコノミー（共有経済）やモノのインターネットという私たちの生活を劇的に変えるだろう新潮流も、フェイスブックの「人間関係のOS」があることを前提としています。この言葉にこそ、現在のフェイスブックの共有価値観が要約されているのではないかと私は考えます。

今、フェイスブック発祥の地である米国では、スマートフォンやフェイスブックがある生活を当たり前のように過ごしてきた世代が社会に出ようとしています。いわゆるデジタルネイティブの登場による世代交代は、ビジネスや社会のあらゆる場面を変えていくでしょう。

多感な思春期にフェイスブックを空気のように使いこなしてきた世代の感受性は豊かです。数秒のわずかな時間で消えてしまう写真や動画を送りあう「スナップチャット(Snapchat)」というサービスがありますが、彼らがそのサービスを使いこなす姿を見ると驚くことが多くあります。当たり前のようにハイコンテクストで濃密な使い方をしているのです。世代交代を感じる瞬間です。

私たちはアップル、グーグル、フェイスブックのような超国家的プラットフォームが世界を席巻《せっけん》する姿を目の当たりにしてきました。しかし、こうした若い世代が運営するプラットフォームは、今とはまったく違う新しいものになっていくのかもしれません。そう、かつてマーク・ザッカーバーグがフェイスブックをつくり、前の世代にはできない発想で世界を一変させてみせたように、です。

第三章　プラットフォームは世界の何を変えるのか？

──３Ｄプリンタ、教育、シェアリングエコノミー

世界を変える三つのプラットフォーム

前章ではグーグル、アップル、フェイスブックという三つの超国家的プラットフォームを例に、プラットフォームの共有価値観を読み解き、彼らが目指す世界観のほんの一部分をご紹介いたしました。

本章では、さらにプラットフォームが広がりつつある新しい分野をご紹介し、プラットフォームがこれから世界をどう変えていくのかについて考察を深めていきたいと思います。

ここで取り上げるのは、ものづくりの新潮流メイカーズ・ムーブメントを象徴する「3Dプリンタ」、インターネットにつながることで激変する「教育」分野、そして個人が所有するものなどをインターネット経由で貸し借りする「シェアリングエコノミー（共有型経済）」の三つです。

この三つの分野は、プラットフォームという視点で見たときに、二十一世紀の世界を一変する可能性すらあるのではないかと私が考えるものです。どの分野も、現在のところ新しいビジネスのプレイヤーが新規参入している分野ですから、ＩＴ業界にいらっしゃる方ならばピンとくるかもしれません。これらの分野はＩＴビジネスの原理をうまく取り入れて、着実に拡大を続けています。

プラットフォームはある時点から一気に世界を変えます。本書ではその動きを先まわりして、それぞれの世界を変える可能性を見ていきましょう。

３Ｄプリンタの可能性

３Ｄプリンタがどういうものか、みなさんはご存じでしょうか。ニュースなどでも目にすることが増えてきた３Ｄプリンタは、かんたんにいえばコップや模型などの立体物の形状データを送り込むと、樹脂がデータどおりに加工されて造形される機械です。文字通り三次元の立体的なものをプリントできる印刷機だと考えるとわかりやすいかもしれません。

なぜ３Ｄプリンタは大きな話題となっているのでしょうか。その可能性を私は「短時間でものづくりの試行錯誤ができること」と考えています。例えば、メーカーは製品を開発するにあたり、内部の構造をどうするか、デザインや見た目はどうかなど、さまざまな試行錯誤を行います。かつての製造業でこの試作品（プロトタイプ）をつくるには、工場を自前で持つか、専門の業者に発注しなければなりませんでした。3Dプリンタはこの工程を圧縮し、きわめて短時間で試作品をつくることができます。また、できた試作品を試してみて、フィードバックを受けながらものづくりを行うプロトタイピングも容易になったのです。

可能性はひるがえって危険性をともないます。3Dプリンタはある程度の知識があれば誰でも扱えるため、数々の事件を引き起こしています。例えば、3Dプリンタで拳銃をつくった男が逮捕されています。インターネット上に3Dプリンタの設計図があり、それをダウンロードして自分で製作したというわけです。日本でもそうした事件はあり、早くも規制の動きが出ております。

新しいテクノロジーが登場すると、必ずといっていいほど問題が起こります。スマホなどで操作して飛ばす小型マルチコプター「ドローン」なども同じです。首相官邸にドローンが落下した、という事件もありました。危険が多いものなのだから、「規制すべき」という声も多く聞かれます。

たしかに私たちの住む社会にとって問題があるので、何をどのように規制すべきなのかということも大事な議論なのかもしれません。しかし、ここで一つ確認をしておきたいのは、テクノロジーというのは無限の可能性であるということです。テクノロジー自体に問題を帰着させるのは早計です。使う側がどうテクノロジーをとらえ、どう使いこなしていくかを議論することが必要だと思います。

したがって、ここでは可能性の話をしていきたいと思います。銃の製造が少しの知識でできてしまうということは、それだけ3Dプリンタの可能性が大きいということです。「銃」という言葉をここでは置き換えればいいのです。

インドに3Dプリンタを設置する

例えば、3Dプリンタだけではなく多様な工作機械をおいた施設を世界中につくることを目指す「ファブラボ（FabLab）」というプロジェクトがあります。この「ファブラボ」は個人によるものづくりの可能性を広げています。

インドの田舎の村にあえて3Dプリンタを設置した施設をつくる実験的な試みをしたときのことです。田舎ですから、電車も通っておらず、車で行くにも相当な時間がかかる場所です。ものを運ぶ物流コストも高くつくため、商品を届けてもらうだけでも大変です。

そこに3Dプリンタが登場したらどうでしょうか。劇的に生活が変わるというわけです。デザインの美しい北欧家具の設計図をダウンロードして、試作をしながらデザインパターンを覚えれば、木材でも同じデザインのものをつくれるようになります。

このように「ファブラボ」は都市だけではなく、あえて生活の便がよくない場所に拠点をおくことで、そこに住む人たちの生活に革命が起きるのではないかという考えから行っているそうです。

3Dプリンタというテクノロジーに私がみる可能性の一つは、この「生活を劇的に変える」という点です。3Dプリンタは上から下へ樹脂を吹きつけて、バウムクーヘンのように何層も重ねてつくっていくものなので、じつは内部に複雑な構造を持ったものを出力するのに向いています。今までは想像もしなかった形状の家具やおもちゃなどが、専門のデザイナーではない、個人から生まれる可能性だってあり得るのです。

さらに可能性を広げてみましょう。現在の3Dプリンタは樹脂で出力するだけですが、いつかはタンパク質で出力ができるプリンタができるはずだ。そんな未来を予想する人もなかにはいます。そうなれば、一流の料亭や三ツ星のフランス料理店のレシピをダウンロードして、家で出力して味わう……そんな時代が訪れるかもしれません。

まだまだ夢物語かもしれませんが、3DプリンタはITと物質が結びつくことで大きな可能性を秘めています。だからこそ、世界中の人々から熱い注目を集めているのです。

プラットフォームとしての3Dプリンタ

3Dプリンタの普及はまだ先の話でしょう。現在でも数万円で入手できるものもありますが、数十万円から、高価なものは一〇〇万円以上するものもあります。しかし、デジタル産業では加速度的に性能や小型化は進むという有名な「ムーアの法則」もあり、おそらく3Dプリンタもより小さく、より高性能に、より手に入りやすい価格になっていくことでしょう。やがては一家に一台、3Dプリンタがおかれる日がやってきます。

インドの「ファブラボ」のように、生活が一変するという点もありますが、一方で私が期待しているのはプロのデザイナーではつくれないものを、個人（アマチュア）が生み出せるのではないか、という点です。３Ｄプリンタを一つのプラットフォームとしてとらえれば、ものづくり全般に個人が参加できるようになる、ということを意味します。たとえるなら、誰もが情報やメッセージを発信できるブログが登場したことで、メディアを取り巻く情報の流れが一変したことと同じようなことが起こる可能性があるのです。

私が「一〇円コピー理論」と呼ぶ現象があります。これはコピー代が高いときは、誰もが必要なページだけを選びケチケチとコピーしていても、いざ一〇円となると「全部コピーしちゃえ」ととたんに行動を変える現象です。必要かどうかを考えずにとりあえずコピーをとっておく、という行動に変わります。つまり、低価格化（または無料化）が進むと、ユーザーは必要以上にそれを使おうとしはじめる。これを「一〇円コピー理論」と呼ぶわけです。

どんどん３Ｄプリンタが低価格化すれば、この一〇円コピーと同じような現象が起こるのではないかと私は考えています。

では、３Ｄプリンタを必要以上に使うことのどこがすごいのでしょうか。私がいつも例に出すのは「初音ミク」です。初音ミクはボーカロイドと呼ばれ、音階と歌詞を入力することで歌声を合成するソフトウェアであり、可愛らしいキャラクターでもあります。

ユーチューブやニコニコ動画の登場で、誰しもが無料で動画をインターネット上に公開できるようになったことで、爆発的に初音ミクの楽曲がアップロードされるようになりました。アップロードが無料ならばどんどん使ってみよう。そんなユーザーが集まったのです。今でこそ多彩なオリジナル楽曲がありますが、初音ミクが登場した当初は既存のJ-POPに自分なりのアレンジを加えて、このソフトウェアを使った楽曲をアップロードする人がたくさん登場しました。つくることをたのしみ、見てもらうことをたのしむユーザーがたくさん出てきたということです。

3Dプリンタならばどうでしょうか。食器や家具、ドアの装飾まで、よくある既存の製品に、ちょっとした自分なりの工夫を加えてたのしむ人がきっと出てきます。アップロードされたデザインをさらに工夫する人も出てくるはずです。初音ミクが今までのプロのミュージシャンがつくらないような楽曲を生み出したように、3Dプリンタはプロのデザイナーがつくらないような製品を生み出す可能性を秘めているのです。

クリエイティブの質を高める方向性だけではありません。とても小さなニーズをとらえたプロダクトが生まれる可能性があります。例えば、誕生日やクリスマスの飾りつけなど家族に向けたものを3Dプリンタでつくり、それが設計図としてインターネット上に公開されることで、世界にいる誰かのニーズを満たしてくれるかもしれません。それはプロがつくったものでなくとも、本当にほしいと思った人がほしいものを手に入れるということです。

世界を変える「ものづくり」の新潮流

じつは「3Dプリンタ」は新しいものづくりの新潮流、いわゆるITとものづくりが融合していく「メイカーズ・ムーブメント」のなかの一つに過ぎません。ここでメイカーズや「IoT（Internet of Things）」の話に詳しく入ってしまうと本論からずれますので深入りはしませんが、最近に私が感動した新しいものづくりの事例をご紹介しましょう。

あるお父さんが九歳の息子のためにつくった「おとうさんいまどこメーター」というものです。写真のように、今お父さんがどこにいるかを針が指し示すというものです。針が指すメモリの左から右にお父さんが家を出て会社に出勤し、また会社から家に帰るまでのそれぞれの場所が記されています。

この「おとうさんいまどこメーター」はさまざまな電子部品を組み合わせてつくられています。これは「リトルビッツ（littleBits）」という、磁石で電子回路をつないで電子工作を行うことを通して、電子回路を楽しく学べるオープンソース（無償で公開された）のライブラリを参考にしてつくられています。このライブラリもまた、参加者が増えれば増えるほど価値を増すプラットフォームです。そのライブラリの電子部品に、スマホの位置情報を組み合わせた、まさに発明です。

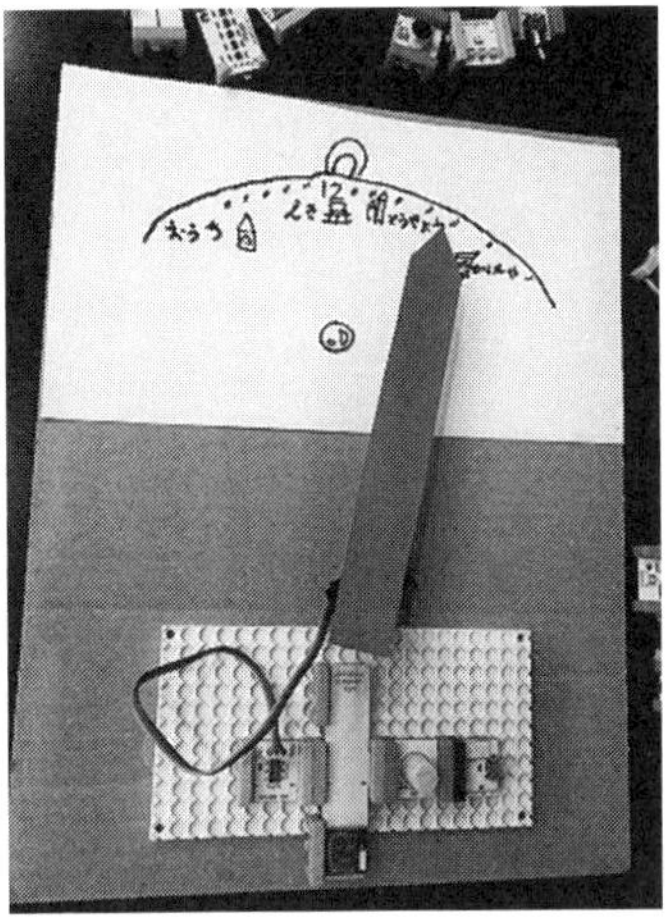
「おとうさんいまどこメーター」
（写真提供：kazunori279）

こうした発明はインターネット上にさまざまな情報が公開され、プログラムの知識がなくても電子工作をやりやすくするモジュール（ひとまとまりの機能をもった部品）が充実してきたからこそ、レゴのように組み合わせることでかんたんに問題解決をすることができるようになりました。大きなニーズにこたえなくてはならないメーカーではなかなかできないことです。「ただのおもちゃじゃないか」と思われるかもしれませんが、おもちゃをつくりながら遊ぶようにして、誰もが気軽に日常の問題解決ができてしまうということがとても重要な点だと私は思います。

先ほどの「初音ミク」も、もとはといえばユーザーがたのしく遊びながらはじめたものです。家のなかに少しばかりの彩りをつけるために、ちょっとした遊びのために、３Ｄプリンタやオープンソースの情報をもとにして発明されたものが、やがて世界の人々の生活を変えていくのです。

米国の教育費は倍増している

ここからは、視点を生活から「教育」に移していきましょう。より正確に言えば、教え育むという意味の「教育（education）」よりも、習い学ぶ「学習（learning）」という言葉の方がＩＴ以後の世界では主流となっていますが、便宜上、「教育」という言葉を使いますのであらかじめご了承ください。

前提として、教育でもグローバル化が進み、格差が目立つようになってきています。外国人留学生が日本最高峰の名門大学といわれる東京大学の入学を辞退した、なんてことが日本ではニュースとして取り上げられますが、グローバルに見れば東京大学も優秀な学生にとっては選択肢の一つにすぎないということです。米国にはハーバード大学やスタンフォード大学がありますし、英国にはケンブリッジ大学やオックスフォード大学といった名門大学もあります。これからは日本人の優秀な学生にとっても、東京大学は選択肢の一つになっていくでしょう。

フランスの経済学者トマ・ピケティの『21世紀の資本』（みすず書房）は、富めるものはより富むという格差社会をデータから分析した点で話題となりましたが、まさに同じ状況が教育にもあります。実際に、米国の大学ではこの一〇年で学費が倍増しているというデータもあり、富めるものが高い教育を受け、グローバル企業に入り高い賃金を得るという構図になりつつあります。富も教育も二極化しているのです。

さらに情報化社会になり、知識が高度化、多様化したことで大学間の競争が激化し、優秀な学生や教員の獲得競争が起きていることも、二極化している大きな理由の一つです。富めるものとそうでないもの、エリートと非エリートという二極化が進めば、やがては階層の固定化が起こり、不平等な社会になりかねません。

私は教育の専門家ではありませんが、強い危機感を抱いています。しかし、だからこそＩＴにもとづく教育や学習のプラットフォームに期待をよせています。必ずプラットフォームが教育や学習を変えていける。そう信じているのです。

では、どのようなプラットフォームが登場してきているのでしょうか。ここからは、教育や学習の世界を変えていくプラットフォームの可能性を見ていきましょう。

教育や学習を根本から変える

インターネットの原理からいえば、エリートと非エリートという二極化に対して、もう少し中間に位置するものをつくりだし、その格差をもっとなめらかにし、また多様にすることができるはずです。

すでに海外にある大学から試行錯誤がはじまっています。有名なものでいえば、マサチューセッツ工科大学とハーバード大学によって創立された「エデックス（edX）」と呼ばれるプラットフォームです。世界中の学生に無償で、多岐な分野にわたる大学レベルの授業を提供しており、日本では東京大学も参加しています。

「エデックス」も非常に重要な取り組みだと思うのですが、この本でぜひ取り上げたいのが非営利の教育ウェブサービス「カーンアカデミー（Khan Academy）」です。設立者のサルマン・カーンが幼いいとこに勉強を教えるところからはじまったプロジェクトですが、現在では数千本のビデオ教材がインターネット上におかれており、世界中で六〇〇万人以上が利用しているといわれています。なぜ「カーンアカデミー」を取り上げたいかというと、これが「いとこに勉強を教える」という草の根からはじまったプロジェクトだからです。こうした一人の行動が共感を得て参加者が増え、さまざまなフィードバックを得てサービスが洗練されていく、という姿にこそ、インターネットの本質をかいま見ることができるからです。

「カーンアカデミー」の共有価値観は「ヒューマナイズ（人間らしくする）」です。どういうことでしょうか。それを明らかにするために、「カーンアカデミー」がどのようにして広がっていったか、その軌跡をふり返ってみましょう。

「カーンアカデミー」が変える教育の世界

設立者のサルマン・カーンが最初にはじめたのは、授業の動画を子どもたちに配信するプロジェクトでした。子どもたちは授業の動画でわからない箇所があれば何度でも見ることができますので、とても効率的です。

これを便利だと見た米国の学校が授業のプロセスに取り入れたところ、とてもおもしろいことが起こりました。生徒が授業よりも先に学習用動画を見て授業の予習をすることで、教室での学習の持つ意味合いが変わったのです。教室が単に先生の講義を受けるという場ではなく、事前に学習した内容についての質疑応答を行うインタラクティブ（双方向）な場へと変わったのです。

そうした子どもたちの学習の変化を見て、カーンたちはさらにＩＴ化を推し進め、今度はオンライン上のテスト問題を解く生徒たちがどこでつまずいているのか、詳細なデータ分析をすることで明らかにしていきます。そのデータをさらに先生たちにフィードバックすることで、先生たちも一人ひとりの生徒がどこでつまずいているのかを把握することができるようになりました。すると生徒の前に立つ先生は単に質疑応答をするだけではなく、生徒一人ひとりの理解度に応じて質問を変えてみたり、指す人を変えてみるなどのファシリテーションを行う役割を果たすようになったのです。

先生の役割が変わるなかで、さらに学習は進化します。先生がある科目が苦手な生徒に、その科目が得意な生徒が教えるように仕向けました。すると教えてもらう生徒は先生に教えてもらうよりも質問もしやすく、学びがたのしくなります。一方で教える生徒は自分の学習したことを教える（アウトプットする）ことで、学習したこと（インプット）を定着することができ、なによりも教えることのよろこびやたのしさ、誇らしさを感じることができます。ここで「学び合い」がはじまったのです。

こうした教育方法を専門的には「反転学習」や「反転授業」と呼びますが、反転学習も「カーンアカデミー」のようなプラットフォームがなければこれほどまで進展することはなかったでしょう。実際の教室で活用できる素材があったからこそ、教育や学習は進化していったのです。

現在、学校の授業は先生が黒板に書いた内容をノートに写す、といった時間が多くを占めています。そうした時間を、先生と生徒とのやり取り、生徒同士のやり取りのなかで学習していくことで、より人間らしくしていきたい。コミュニケーションに満ちた時間にしていきたい。そのために、カーンはＩＴを利用して、学習にまつわるさまざまな障害を取り除いて、生徒たちが人間らしい心のふれあいのなかで学べるようにしたのです。このＩＴと人間の関係性をカーンは「ヒューマナイズ」という言葉に凝縮しました。

こうしたカーンの考え方は、グーグルが「人間がしなくてもいいこと」をコンピュータに任せてしまい、「マインドフルネス」や「ＨＤリアリティ」を大事にしていることと通じるものがあります。ＩＴは人間から自由や人間らしさを奪うものではなくて、むしろ余計な手間を省くことで、それを回復してくれるものなのです。

プラットフォームとしての教育

さて、少し見方を変え、この「カーンアカデミー」における教え合いをプラットフォームという視点から考えてみましょう。

ここで起きたことは、まず先生から生徒へ教える単方向から、先生と生徒との双方向へ、さらに生徒同士の双方向へと変化したということです。この「生徒同士で教え合う」という点に、私はプラットフォームとしての可能性を感じるのです。

説明しましょう。当たり前のことですが、先生が生徒へ教えるというのは何ら不思議なことではありません。しかし、生徒が生徒へ教えるというのはなかなかないことであり、ある科目を得意とする生徒が、その科目では先生になる、ということです。学校の先生であれば教えてくれて当たり前だ、と考える生徒が多く、いちいち授業が終わるたびに「授業をしてくれてありがとうございます」とはならないでしょう。ところが生徒が生徒へ教える場合は、「教えてくれてありがとう！」となるはずです。

ここにプラットフォームがなぜ拡大し、世界を席巻すると私が考えているのか、その本質があります。

心理学の用語に「好意の返報性」という言葉があります。これは親切にされた相手に、その親切に見合うお礼をしたくなるという人間の性質を示した言葉です。生徒同士の教え合いには、この「好意の返報性」が生まれます。教えてもらった生徒は、教えてくれた生徒へ「教えてくれてありがとう」という気持ちを返そうとします。

さらに、この「好意の返報性」が教育の場では「恩送り」のような形で続くのではないか、と私は考えます。この「学び合い」では、誰かから知識を教わったあとに、自分が次にそれを教えるのは、まだその知識を持たない別の人ということになります。これが「学び合い」のプラットフォームのすばらしいところです。つまり、ある生徒が「教えてくれてありがとう」という気持ちを感じれば、その感謝の気持ちを、今度は別の生徒に返そうとする。さらに別の生徒が感謝の気持ちを抱き……というように、教え合いは無限に連鎖をして拡大を続けます。

このように誰かから受けた恩や感謝の気持ちを別の人へと送っていくことを、英語では「ペイフォワード（Pay it forward）」と呼びます。「好意の返報性」からはじまったつながりが、やがて「ペイフォワード」へと変わっていく可能性が見えてきました。私が考えるに「ペイフォワード」が発生する分野のプラットフォームは拡大の規模が大きくなりスピードも早くなります。また、人間を人間らしくするためのＩＴ、インターネットという意味では、教育や学習における変化こそが未来への希望なのです。

リーダーは環境が育てる

ただし、いくら拡大のスピードが早いといっても、教育分野においては子どもが成長するスピードを追い越すことはできませんので、実際には世界が変わっていくために必要な時間は早くて数年、もしかしたら一〇年はかかるかもしれません。

私が見る範囲では、日本はこの教育分野のＩＴ化、プラットフォーム化が出遅れているという印象です。もちろんインターネットは国境を超えるものではあるのですが、ほとんどの日本人の子どもたちは日本語という言語で教育を受けます。

「カーンアカデミー」のビデオ教材を翻訳していけばいいという考えもあるかもしれませんが、ＩＴ以後の世界では社会の変わるスピードが圧倒的に違います。一〇年後、二〇年後にはさまざまな職業がコンピュータに取って代わられるのではないかという予測がありますが、知のオープン化が進むなか、単に英語を翻訳していくだけではあまりにもスピードが遅いのです。

特に私が危惧を抱くのはエリート教育です。言い換えれば、社会をつくり、ビジネスや経済を牽引《けんいん》するリーダーは、優秀な学生が集まり、切磋琢磨《せっさたくま》するなかで生まれます。

よくMBA（Master of Business Administration、経営学修士）の価値はそこで学ぶだけではなく、これからグローバル企業で経営の中枢《ちゅうすう》を担うそこで得た仲間だといわれます。同じように、世界で活躍できるリーダーが育つ環境が英語圏だけに集中し、結果、日本にいる人がリーダーとなるチャンスを失っています。これは非常にもったいないことであり、また英語圏と日本の間にギャップがあることに早く気づくべきだと思います。

学習の中心は課題設定能力に変わる

さらに教育や学習における本質的な変化を考えていきましょう。これまでの学習というのは「課題解決能力」をいかに鍛えるのかにフォーカスしたものでした。まずは課題があり、それをどのように解決していくのか。そのための能力を学習によって身につけるということです。

しかし、ここまでインターネット上のプラットフォームで見てきたように、課題解決の方法やノウハウはすぐに共有され、一般化していきます。比喩的に表現するならば、グーグルの検索エンジンで「○○○○解決方法」とキーワードを入れて検索すれば、それなりの解決方法が見つかるのと同じです。

必要なのは課題解決の方法ではなく、課題解決を実行すること、エグゼキューション(execution)に価値が移ります。さらに、課題解決をする参加者はインターネットが登場して以降に増えました。オープンソースのソフトウェア開発における参加型の課題解決についてはエリック・レイモンド『伽藍とバザール』に詳しいですが、まさにオープンなネットワークが課題解決のスピードを早めたのです。

では、課題解決のスピードが早まったあとはどうなるでしょうか。その先には、今ある課題が何なのかを見つける「課題設定能力」が必要とされる時代がきます。実際にグーグルではエンジニアを評価するときに、この「課題設定能力」をとても重視しています。

この能力を鍛えるには、多様なものに触れて、いろいろなものの見方があることを知り、常に新しい視点を見つけられる目を鍛える必要があります。だからこそ、多様な仲間と切磋琢磨することがこれからの教育や学習には必要なのです。米国の大学が優位なポジションを得ているのは、もともとの国の成り立ちが多民族であるため、この多様性が存在することが根底にはあるのかもしれません。

このように、ＩＴのプラットフォームがどのように成り立っているのかを知ることで、未来の姿が見えてきます。ここまでは教育というテーマでしたが、もし今はまだ学生だという方がいらっしゃるならば、これだけはぜひお伝えしたいと思います。プラットフォームの仕組みを知ることは、みなさんが中心となって世界で活躍する大きなチャンスにつながります。世界に直結するＩＴのプラットフォームには、世界を根本からくつがえす可能性があるからです。それを運営するのは、他ならぬみなさんですので、ぜひ、この本をきっかけにプラットフォームという視点があるのだということを理解していただきたいと思います。

シェアリングエコノミーの原理

「３Ｄプリンタ」「教育」に続く三つ目は「シェアリングエコノミー（共有型経済）」です。

この「シェア（共有）」という考え方は、ある種のプラットフォームの原理にもっとも近いものだと私は思います。

先ほどの生徒同士の「教え合い」というのも、見方を変えれば「知識のシェア」です。本質的にシェアにはペイフォワードが発生します。

こうしたプラットフォームの原理を知るために、まずは「シェアリングエコノミー」とは何か、またプラットフォームはそこでどのような役割を果たしているのかを見ていきましょう。

ビジネスという視点で見れば、現在の「シェアリングエコノミー」の前提となっているのは、空いたリソース（資源）とそれがほしい人とを結びつけるマッチングです。前著『ITビジネスの原理』では詳細に説明いたしましたが、それはビジネスの基本中の基本ともいえるものであり、ITやインターネットが持つ性質がもっともよく出るものでもあります。

例えば、週末にしか車に乗らない人がいるとします。すると平日にはその車を使う人がいませんので、ここに「空いたリソース」が存在するわけです。もしそこに平日しか車に乗らない人がいるならば、お互いにシェアすることで、車というリソースがより効率的に活かされるのです。

　車などモノのシェアだけではありません。クラウド（crowd、群衆）の空いた時間を用いて、さまざまな仕事をお願いすることができるクラウドソーシングの「クラウドワークス」では、日々空き時間のある人とその時間を利用して仕事をお願いしたい人とのマッチングが行われています。例えば、私が講演会で話した音声データを、「クラウドワークス」を通じて書き起こしてもらうこともできるわけです。

　この場合、誰かの空き時間がシェアされることで、仕事とマッチングすることができ、お金のやり取りが生まれる。これが「シェアリングエコノミー」です。

　そしてマッチングは本質的にプラットフォームを求めるものです。クラウドソーシングを例にすれば、高いスキルを持ちながら空き時間を持つ人がより多く参加すればするほど、仕事をお願いしたい人は増えます。つまり、「シェア」と「マッチング」はもっともプラットフォームの性質を体現したものといえるのです。

シェアを可能にしたもの

では、なぜ「シェアリングエコノミー」が世界を変えると私が考えているのか。まずこのシェアの前提となる条件を整理していきましょう。

まず、そもそもなぜ人はシェアをしたいのでしょうか。経済的な視点で見れば、そもそもシェアはコストの削減手段として実質的に機能するからです。

例えば、ホテルやレストランを経営しているとするならば、賃料や人件費といった毎月に必ずかかる固定費というものが発生します。固定費は必ずかかるものですから、観光のローシーズンに空室があるならば、たとえ室料を下げても客に来てもらう方がビジネスとしては利益が上がります。固定費のかかる空きリソースは、できるだけ活用する方がコスト削減になるのです。

企業だけではありません。みなさんは家計簿をつけていますでしょうか。支出でいちばん大きいものは何でしょう。きっと「住居費」という人が多いと思います。この「住居費」をもしシェアできたら、みなさんはきっとうれしいことでしょう。思い浮かぶのはシェアハウスですが、家族以外の他人と共同で暮らしていくのは、なかなかできるものではありません。

では他の方法はないのか。そこで登場するのが「エアビーアンドビー（Airbnb）」というサービスです。名前にある「B&B《ビーアンドビー》」というのは、「ベッド・アンド・ブレックファスト（Bed and Breakfast）」という宿泊（ベッド）と朝食（ブレックファスト）を提供する比較的に低価格の宿泊施設のことです。例えば、子どもが社会人となり空いてしまった自宅の一室を、誰かに貸し出してしまおう。そんなサービスが「エアビーアンドビー」というわけです。

「エアビーアンドビー」は「シェアリングエコノミー」の代表格として紹介されることも多く、着実に成長しているサービスでもありますが、その根底にあるのは「賃料」や「住居費」といった固定費が、もっともコストが高いものだからです。裏を返せば、コストが高いものほど、シェアリングのビジネスが立ち上がりやすいともいえます。車のシェアをするサービスが立ち上がりやすいのも、まったく同じ原理です。空いた部屋や車はシェアする方が誰にとっても得だからはやるのです。

よく「シェアリングエコノミー」というと「昔ながらのご近所付き合いなど、共同体のあるべき姿に戻るのだ」という話がされがちですが、「誰にとっても得だから」というのが正直なところでしょう。もし本当の意味でシェアをしたければ、無料で貸し出せばいいわけです。実際にはそうはなっていないところに、共同体のあるべき姿に戻るわけではないという現実があるのではないでしょうか。

アマチュアのシェアを可能にした要因はフェイスブック

特に「シェアリングエコノミー」において特徴的なのは、プロフェッショナルだけではなく一般の人（アマチュア）も供給者側として参加が可能となった点です。先ほど例に挙げた「エアビーアンドビー」ではマンション経営者などプロも参加することができますが、一般の人も参加することができます。シェアのプラットフォームは「C to C（Consumer to Consumer）」、つまり一般消費者と一般消費者の間の取引を容易にしました。

しかし、宿泊先を探すときにホテルではなく一般の人の住居を積極的に借りようという人は多いでしょうか。ごくふつうに考えれば、一般の人がいくら安く部屋を貸し出してくれるとしても、本当に安全かどうかを不安に思うものです。

その不安を取り除いてくれたのが、じつはフェイスブックというプラットフォームの存在です。すでに解説したとおり、実名制のフェイスブックは「人間関係のOS」であり、すでに多くのサービスにおいて、その人が信用できるのかどうかを測る「与信《よしん》」の機能を果たしています。「C to C」のシェアを容易にした最大の要因はフェイスブックなのではないかと私は思います。

例えば、みなさんが「エアビーアンドビー」を利用するとしましょう。「さすがに人の家に泊まるのだから、安全面が不安だから利用するのに躊躇《ちゅうちょ》する」という人はどれぐらいいるでしょうか。思ったほど躊躇する人は少なく、意外にもそれほど迷うことなくサービスを使う人が多いのではないでしょうか。フェイスブックを日ごろから使っているような若い世代になればなるほど、躊躇しないという人が多いというのが私の実感です。

ひとむかし前は「インターネットはこわい」という感覚を持った人が多くいましたが、最近ではそういう人もだんだん少なくなっているのではないでしょうか。なぜなら、ちょっと調べただけで、ネットの向こうにいる人が信頼できるかどうかがわかるからです。もちろん、危険性もあるのかもしれませんが、それは現実世界も同じはずです。こうしたインターネットに対する人々の意識変革を見逃してはいけません。私たちが知らない間にも、フェイスブックという「人間関係のＯＳ」がインターネットの世界を、そして現実の世界を変えているのです。

移民のファーストステップになる「ウーバー」

「エアビーアンドビー」は住居のシェアでしたが、車のシェアともいえる「ウーバー（Uber）」というサービスがあります。「ウーバー」は、使う側からすればアプリでハイヤーを呼び出して移動するサービスですが、提供者側からすれば自家用車と自分の空き時間のシェアを意味します。自分の家に車があり、運転ができれば「ウーバー」の提供者となれるのです。

「ウーバー」発祥の地、米国ではおもしろい現象が生まれています。この「ウーバー」の運転手になるという仕事が、米国に住む移民が社会に溶け込むためのファーストステップになっているのです。なぜでしょうか。それは「ウーバー」というサービスが基本的には「非言語」のサービスだからです。

実際に「ウーバー」を利用してみるとよくわかるのですが、じつは運転手と話す必要がほとんどありません。客はスマホで現在の位置を知らせて来てもらい、行き先もアプリ内の地図で指定します。運転手はその指示にしたがって目的地へ向かうわけです。アプリ内でクレジットカードなどでの決済まで行えるため、運転手と支払いのやり取りもありません。目的地に着けばあとは降りるだけです。

このように、ハイヤーに乗ってから降りるまでのプロセスが言語を必要としないものに自動化されています。その結果、英語の話せない移民のハイヤー運転手だったとしても、運転技術があり、親切そうな雰囲気や表情を見せる（非言語的なコミュニケーション）だけで、客から高評価の口コミを獲得することが可能になったのです。その意味で、移民にとっては働いて賃金を得るというハードルが一つ下がりますので、「ウーバー」は移民を受け入れる社会をなめらかにしたともいえそうです。

使う側にも同じことがいえます。みなさんのなかには、海外旅行で行った国の現地のタクシーに乗ることに、不安を感じる人もいるでしょう。運転手と話せないのでだまされるのではないか、危険なところに連れていかれるのではないかという不安が少なからずつきまといます。「ウーバー」は非言語であり、この運転手が信用できるのかどうかの評価の蓄積がインターネット上にあります。使う側の立場からも、今までのタクシーより気軽に使うことができるようになるのです。

シェアリングエコノミーが変える世界

こうした話は「ウーバー」にかぎったことではありません。「エアビーアンドビー」にも同様のことがいえます。部屋を貸すのに鍵を渡さなくてはいけないから、やはり客と話さないといけないはずだ、と思われるでしょうが、かんたんに鍵を渡す技術も開発されています。いわゆる「スマートキー」では、スマートフォンが鍵の代わりとなり、認証にもとづいてかんたんな受け渡しができるようになります。言語によるコミュニケーションが必ずしも重要ではなくなっていくのです。

このように、シェアリングエコノミーのプラットフォームはすべてのプロセスを自動化し、提供者側にとっても使う側にとってもサービスを非言語に近づけていきます。非言語化することで心理的なハードルが下がり、社会がなめらかになり、人々の「モビリティ（移動性）」を高めていくのです。

モビリティといっても、「エアビーアンドビー」や「ウーバー」が海外旅行に行きやすくしている、というだけの話ではありません。例えばクラウドソーシングが登場することで、会社という組織に属することなく働くという選択肢が生まれました。比喩的にいえば、高校や大学を卒業して就職した会社に定年まで勤めるという固定化された社会から、プラットフォームが提供する多様な選択肢に応じて人々が気軽に仕事を変えることができる、流動化されたなめらかな社会へと変わるのです。

シェアリングエコノミーの先にあるもの

シェアリングエコノミーが変えつつある世界において、何がこれから重要な要素になってくるのでしょうか。「エアビーアンドビー」の新しい展開に未来へのヒントがあると私は思います。

最近、「エアビーアンドビー」は「ピーク経営」の提唱者であるチップ・コンリーという人物をＣＨＯ（チーフ・ホスピタリティ・オフィサー）、つまりホスピタリティ、心のこもったおもてなしをするための責任者にすえました。

もともとコンリーは、フランス語で「生きるよろこび」を意味する「ジョワ・ド・ヴィーヴル」というモーテルチェーンのオーナーです。彼は、全米の安いモーテルを買収しては、その土地ならではの特色をつけたサービスで客をもてなし、既存のありふれたモーテルを洗練されたものにつくり変えていき、成功をおさめた経営者です。

「ピーク経営」は、欲求五段階説で有名な米国の心理学者アブラハム・マズローの「自己実現理論」を企業にあてはめて考える経営手法です。マズローのいう「もっとも高度な欲求＝自己実現」の充足を目指すことにより、ピーク・パフォーマンス（最高のパフォーマンス）が得られるとする考え方です。

「エアビーアンドビー」はなぜコンリーを迎えたのでしょうか。それは「シェアリングエコノミー」が向かう先は、単に空きリソースをマッチングするだけではないという明確なメッセージに思えます。

人が宿泊先を求めるのはなぜでしょうか。ビジネス用途でなければ、おそらく旅行であることがほとんどです。旅行は余暇を利用して非日常の体験を味わう最たるもの。つまり、人が求めるのは単に宿泊という機能だけではなく、特別な体験であり、だからこそホテルはサービス業の最高峰であるはずです。

つまり、「シェアリングエコノミー」の代表格である「エアビーアンドビー」が目指すのは、宿泊先を提供する人が最大のおもてなしをすることで、宿泊した人が感謝し、その感謝の気持ちをほかの誰かに伝えようとすること。ひとことにすればペイフォワードなのだと私は思うのです。

では、プラットフォームはどのように人を自己実現に向かわせるのでしょうか。すべてのプラットフォームがチップ・コンリーのようなホスピタリティのプロフェッショナルにその方法を習わないといけないのでしょうか。そんなことはありません。じつは、そのヒントは日本のプラットフォームのなかに存在するのです。

日本のプラットフォームがどのように人を自己実現に向かわせているかは、本書の後半でじっくりと語っていきましょう。

第四章　プラットフォームは悪なのか？

——ビジネスモデルの重力、ネットの倫理、現代のリベラルアーツ

ビジネスモデルの重力

前章ではプラットフォームがどう世界を変えるのか、その実例をご紹介しました。少しずつ未来への見通しが見えてきたところで、もしかしたら「でもプラットフォームなんて自分には関係ない」と思ってしまった人もいるかもしれません。

本章では、そもそもなぜプラットフォームをみなさんに知っていただきたいと私が考えたのか、その理由の根幹となる部分について話をしていきたいと思います。

これまで紹介してきたとおり、プラットフォームには世界を変える力があります。しかし、これは「いい方に」とも「悪い方に」とも言えます。なぜなら、グーグル、アップル、フェイスブックはいかに超国家的プラットフォームといえども、株式市場に上場をしている一つのIT企業です。どんなに高邁《こうまい》な共有価値観を掲げていても、やはり利益を得るためにはユーザーにとって「悪い方に」プラットフォームがかたむくこともあります。

私はこの悪い方にもかたむくことがあるプラットフォームが生み出す問題を「ビジネスモデルの重力」と呼びます。あえて「重力」という物理法則にもとづく言葉を使うのは、これがプラットフォームを運営するグーグル、アップル、フェイスブックの社員の意思があるなしにかかわらず、まるで重力のように否応《いやおう》なしに悪い方へかたむく力がはたらくというニュアンスを込めたいからです。

この「ビジネスモデルの重力」を理解しなければ、本来あるべきプラットフォームの姿を正しく見ることができません。もしプラットフォームが悪い方にかたむいたとき、それを「善vs悪」のような図式で見てしまうと、「これは国家の陰謀だ」といったような陰謀論になりかねません。勧善懲悪《かんぜんちょうあく》の世界では、そのようなプラットフォームはなくしてしまえ、という話にしかなりません。

悪い方にプラットフォームがかたむいたとき、そのことに気づき、正しく指摘し、利用者側から運営者に伝えなくては、どちらにとっても損です。利用者からすれば便利なサービスがなくなり、運営者からすれば利用者がはなれていきます。プラットフォームをいい方にかたむけることができるのは、私たち利用者側です。なぜ悪い方にかたむいたのか、その重力を見きわめることが大切です。

広告とメディア企業

フェイスブックは利用料のかからない無料のサービスです。彼らの収益源は何でしょうか。それは私たちが利用するあいだに表示される広告です。ときどき友だちではない人の投稿をニュースフィードで見ることがあると思いますが、よく見ると「広告」という表示があります。フェイスブックを使う利用者に、自社のサービスやアプリなどを使ってほしいので、広告主はフェイスブックにお金を払って掲載してもらいます。つまり、テレビを見ると企業のＣＭが流れるのと同じように、フェイスブックもまた広告から収益の多くを得ているのです。

フェイスブックが広告から収益を得るメディア企業であるということは、たくさんの人に、より長い時間、使ってもらわなければなりません。これが彼らにとっての「ビジネスモデルの重力」です。ゆえにフェイスブックはよりサービスを使ってもらうために、いろいろな工夫をほどこします。例えば、「いいね！」ボタンはユーザー同士の気軽な交流をうながしますが、それ以外にも目的があります。あるユーザーが自分の家のネコの写真を投稿し、そのユーザーの友だちが「いいね！」ボタンを押したとしましょう。すると写真を投稿したユーザーのもとへ「投稿に誰かが『いいね！』をしてくれましたよ」とフェイスブックはお知らせします。自分の飼うかわいいネコに友だちが「いいね！」をしてくれたのですから、投稿したユーザーもうれしいというわけです。

この「お知らせ」という機能がとても重要です。投稿したユーザーは友だちが「いいね！」を押してくれたわけですから、もっと投稿をしたくなりますし、「いいね！」を押してほしいと思います。さらにいえば、その「いいね！」を押してくれた友だちに、今度は自分が「いいね！」を押してあげたい気持ちになる。すると「いいね！」を押された友だちがまた「いいね！」を押し……というように、フェイスブックからすればよりサービスを利用してもらい、長い時間を過ごしてもらえるように仕向けることができるのです。

不安喚起という負の重力

この「広告モデル」という重力が強すぎると、SNSは一種の中毒になることがあります。「いいね！」と押してもらうのは、投稿したユーザーにとってある種の「承認欲求」を満たしてくれる行為です。ゆえに、あるユーザーはフェイスブックになにかを投稿した後には「誰かが『いいね！』を押してくれていないかな……」と思うかもしれません。この状態がさらに進めば、不必要にフェイスブックをつい見にいってしまい、ついには「いいね！」がついていないと不安に思う人も出てきてしまいかねないのです。

この「不安」というのは、人間にとって非常に強い感情をうながすものです。例えば、ダイエットをしなければならないほど太っている人は「ダイエットをしませんか？」と言われるよりも、「ダイエットをしないと病気になりますよ」と不安を喚起される方が、その行動をとりやすいことと似ています。

「不安喚起」という状態までいくと、ユーザー同士の交流を気軽にうながす「いいね！」という機能が、本来プラットフォームが目指していたはずの意義を失い、ただ単にお金を生み出すための仕組みということになってしまいます。当然のことながら過剰な「不安喚起」に疲れたユーザーは、そのサービスから離れていくことにもなります。

もしフェイスブックがこうした過剰な「不安喚起」をうながす機能を追加してきたならば、私たちはそれに気づき、正しくフェイスブックの運営者側に「この機能はよくない」とフィードバックすべきです。残念ながら運営者側は、望むと望まざるにかかわらず「ビジネスモデルの重力」から逃れることができません。それを変えることができるのは、利用する私たちなのだと私は思うのです。

プラットフォームと向き合う態度

こうしたプラットフォームに向き合うべき態度を「ディープ・オプティミスティック（Deep Optimistic）」と呼ぶことにしています。「深く楽観的な」、つまり短期的な困難に対処していきながら、長期的な未来に対してはつねに楽観的な態度でいることです。

新しいテクノロジーというものは「いい方」にも「悪い方」にも使えるものです。さまざまな問題が起こるので、新しい法規制をすべきだという人はたくさんいるでしょう。もちろん、社会が不利益をこうむるようなものは、法規制が必要でしょう。しかし、その技術の可能性がかいま見えた段階で危険だからと法規制するのは得策ではありません。

プラットフォームも同じです。例えば、シェアリングエコノミーのプラットフォーム「エアビーアンドビー」や「ウーバー」といったサービスは、それぞれホテルや旅館などの宿泊業やタクシーなどの運送業にまつわる商慣習や法律とぶつかることがあります。そうしたプラットフォームが可能にする現実や未来を前提にして法整備がなされているわけではないわけですから、ぶつかるのも当然のことです。

しかし、これまでも本書で示してきたとおり、プラットフォームはときには混乱を生み出し、さまざまな問題を引き起こすかもしれませんが、その一方で世界や社会をよりよい方向へ変える可能性を秘めています。プラットフォームが人々の利便性を高めて、よりよい生活や暮らしに変えていくことができるのならば、短期的には一つひとつの問題や課題に対処しながら、長期的にはその可能性を信じて向き合う方が圧倒的に得なのです。

こうした「ディープ・オプティミスティック」という態度は、クリエイティブ・コモンズの制定や『CODE』（翔泳社）などの著作で有名な米国のサイバー法学者ローレンス・レッシグから学びました。ITの歴史は、彼のように目の前にある問題や課題を見すえながらも、決して将来を悲観せず、楽観的に対処してくることでつむがれてきました。同じように、プラットフォームの持つ可能性を楽観的に信じる態度こそが私たちに必要なものです。

ネット社会の倫理

「倫理」を意味する英語の「ethics」という言葉は、元々は「けもの道」を意味していたギリシア語の「ethos」(習慣、性格)が語源だそうです。動物たちがふみしめた道が、やがて「けもの道」をつくり上げていくように、私たちが下した判断の一つひとつが、次の時代を生きる人々を支える「倫理」になっていくのではないでしょうか。

プラットフォームに対する短期的な対処方法については、フランスの哲学者ミシェル・フーコーによるパノプティコン(哲学者ベンサム考案による一望監視システムの監獄)の分析がヒントになります。

一九七〇年代にフーコーは、監獄のなかにいる囚人たちが「自分の行動は監視されている」という不安を持ち、そこから「自律」を育んでいくという過程を分析しました。これを「衆人環視《しゅうじんかんし》」といいますが、ある集団における規律のメカニズムはトップダウンだけでもたらされるものではありません。それぞれがまわりから監視されていると思うことで、自らの行動も律しなければならないと考える結果、自主的にもたらされます。であるならば、ソーシャルメディアなどで気軽に発信ができるインターネット社会では、かなり効果的な「倫理」の形成が可能になるのではないか、と私は考えています。

一つの例が二〇一二年に起きたソーシャルゲームにおける「射幸性《しゃこうせい》」の問題でしょう。ゲーム内で価値を持つキャラクターのカードなどを「ガチャ」と呼ばれるくじで引かせるのですが、ユーザーがほしいと思うレアカードの確率がとても低く、なかなか当たらず、また当てるためには大金がかかりました。こうしたことがユーザーの間で問題視され、声があがったことで、ソーシャルゲームプラットフォームを運営する大手事業者が連絡協議会を設立、その後、業界内に一定のルールができていったということがありました。

この「射幸性」の問題はユーザーが支払うお金に直結しているため、比較的に顕在化しやすい問題でした。先ほどのフェイスブックにおける「不安喚起」のように、一般的には見えづらい問題もあるかもしれません。だからこそ、プラットフォームを見る視点をみなさんに持ってほしいというのが、本書を書いた理由の一つでもあります。

倫理は私たち自身がつくるもの

こうした考えには、プラットフォームを運営するIT企業もまた、一人ひとりの社員であり人間であるという前提があります。そう、プラットフォームを運営する運営者は人間なのです。彼ら運営者が方向性を決め、ビジネスモデルを考えるのです。

だからこそ、本書では最初に共有価値観の話をしました。これはプラットフォームには運営者が存在するのだということを意識していただくためでもありました。

みなさんは検索エンジン「グーグル」の検索結果はコンピュータが決めるものであり、誰が決めるものでもない、と考えているでしょうか。その考えはある面では正しく、ある面では間違っています。

例を挙げましょう。あるとき、グーグルは検索エンジンの結果を、それぞれ個人の履歴にもとづいて「パーソナライゼーション（Personalization）」しようとしました。ウェブページを見た履歴や、どんなキーワードで検索したかを分析しながら検索結果を出すことで、使う人にとってより便利で心地のいいものにしようとしたのです。パーソナライズをする方が、そのサービスをより長く使ってくれる傾向が高まるのです。

しかし、そうした施策が必ずしもいいことだとはかぎりません。グーグルが私たちの気づかないあいだ、知らず知らずのうちに検索結果をパーソナライズして表示しているとしたら、私たちは新しい情報に触れる機会を失ってしまいます。さらには、自分にとって都合のよい結果だけが表示されることで、自分が今抱いている世界観をより強固にするばかりで、自己批判することができなくなってしまいます。

こうした「過剰なパーソナライゼーション」に対して声をあげたのが米国の活動家イーライ・パリサーです。二〇一一年には世界中の著名な人がプレゼンテーションをすることで有名なＴＥＤ（Technology Entertainment Design）というカンファレンスで、「フィルターに囲まれた世界（The Filter Bubble)」というプレゼンをし、「民主主義の危機」を訴えることで、たくさんの人の共感を得ました。結果として、グーグルはいきすぎたパーソナライズをあらため、機能を相対的に弱めていったのです。

この事例が示すように、何が自分たちにとってよいことで、何が悪いことなのかを決めるのは、私たち自身です。インターネット社会における「倫理」の形成は、こうした誰かの視線によってもたらされるものなのではないかと私は思うのです。

プラットフォーム運営者は替わるもの

プラットフォームを運営するＩＴ企業の社員、つまり「運営者」は常に入れ替わるものです。有名な話でいえば、フェイスブックにはグーグルから身を転じた社員が多くいると言われます。プラットフォーム同士にも競争の原理がはたらいています。

先ほどの例でいえば、もしグーグルが「パーソナライゼーション」への批判の声に耳をかたむけず、自社のサービスをかえりみることがなかったならば、その批判の声にさらされるのもまた「運営者」です。グーグルに所属し、その共有価値観にひかれて働いている社員が、はたしてその批判の声に耐えられるでしょうか。

忘れてはいけないのは、優秀な人間というのは引く手あまたであり、売り手市場だという点です。優秀な人間ほど、悪事をなすよりも社会の役に立ち、人の役に立っている企業ではたらきたいもの。ソーシャルゲームの会社でいうと、もしユーザーの「射幸心」をあおり、お金を搾取《さくしゅ》するようなソーシャルゲームをつくり続けるようならば、やがては優秀な人間は去ってしまうということです。

ときには「ビジネスモデルの重力」にさらされながらも、悪事をなさず、自分たちの共有価値観を守り続けるＩＴ企業、プラットフォームが結果的に優秀な人間をひきつけるのです。

プラットフォーム運営というものは、結局のところいかに優秀な人間を集められるかにかかっています。優秀な人材獲得にはプラットフォーム同士の競争の原理がはたらきます。悪事をなすIT企業には優秀な人間が集まることはない。その意味でも、何が「いいこと」で、何が「悪いこと」なのかを、私たち自身が決めることがとても大切です。そのために、プラットフォームについての知識をお伝えし、普及させたいと私は考えています。

現代のリベラルアーツ

こうした「プラットフォームを見る目」というときに思い出すのが、EC（Electronic Commerce、電子商取引）サイトの歴史です。

かつてのECサイトで重視されていたのは、客が一回のサイト訪問で購入する金額です。よりたくさんの人に来てもらい、買い物をしてもらわなければなりません。そのため、ECの店舗側も目玉となるようなセール商品を用意し、よりたくさんの客に来てもらおうとつとめました。しかし、やがては各社がセール商品を競って用意するようになり、客もセール商品だけをねらういわゆるバーゲンハンターだけが得をするようになりました。セール商品を買えなかった客はそのECサイトから離れていき、またECサイト側はセール商品だけを買われては商売になりません。

その結果、現在のECサイトでは「顧客生涯価値（LTV、Life Time Value）」が重視されます。ECサイトなど自社の商品やサービスに対して、ある顧客が忠誠心の高い顧客（愛用者）になってくれれば長期にわたりリピート購入が期待できます。この指標は、その将来にわたってもたらされる利益から割り出される現在の価値を指します。つまり、ECサイトの運営者たちは、ユーザーが長くそのサイトを使い続けてくれることがなによりも大事だということに気づいたのです。

この事例について思うのは、結局のところユーザーにとって大切なのは、自分にとって「損」か「得」かというシンプルな判断で行動することです。

先ほどまではプラットフォームが「ビジネスモデルの重力」に引っぱられて悪事をなさないために、インターネット社会の倫理を私たち自身がつくり、プラットフォーム運営者を監視しようという視点で主張を述べました。一方で、そうした視点だけでは「そのとおりだ、プラットフォームを監視しよう」ということにはならないものです。そもそもなぜプラットフォームをみなさんに知っていただきたいと私が考えたのかというと、シンプルに言えば、みなさんにとって「得」だからです。

前章ではプラットフォームがいかに世界を変えるのか、またその可能性を秘めているのか、その価値について話しました。むずかしい話をすべて抜きで言うならば、それらのプラットフォームを使いこなすことはみなさんにとってとても「得」することです。プラットフォームが社会をなめらかにし、人々の「モビリティ」が高まる。裏を返せば、これを使いこなすことで、自由で豊かな生活をたのしむことができるのではないでしょうか。

「教養」を意味する「リベラルアーツ(liberal arts)」という言葉がありますが、その原義は「人を自由にする学問」ということです。同じ意味において、私はプラットフォームの知識を「現代のリベラルアーツである」と考えているのです。

第五章　日本型プラットフォームの可能性

――リクルート、ｉモード、楽天

日本のポテンシャルは「B to B to C」サービスにある

ここまでは海外のプラットフォーム事例を中心に解説してきました。あえて日本のプラットフォームについて語ってこなかったことには理由があります。なぜなら、日本は「日本型プラットフォーム」とも呼ぶべき独自のポテンシャルを持っているのではないかと私が考えているからです。この可能性をわかりやすく解き明かすために、本書では以降、日本の事例を紹介することにします。

では、日本型プラットフォームにはどのような特徴があり、その可能性はどこにあるのでしょうか。これを語るために、私自身がビジネスとしても従事してきた「リクルート」「iモード」「楽天」という三つのプラットフォームの共有価値観を取り上げたいと思います。

このなかでもリクルートをIT企業と呼ぶ人はあまりいらっしゃらないかもしれません。今でこそ就職や転職を支援する求人情報サイト「リクナビ」など多くのウェブサービスを展開するリクルートですが、もともとは大学の学生向け新聞の広告枠販売からスタートしています。やがて就職情報誌をはじめ、さまざまな情報誌を発行するようになったリクルートは、広告販売を主体とする情報メディア企業と分類されることが多いでしょう。

なぜリクルートの話から私が日本型プラットフォームの話をはじめたいのか。その理由はリクルートがもっとも日本型プラットフォームの特徴をDNAとして持っていると考えるからです。

先に、ビジネスモデルの原理的な話をまずさせていただこうと思います。ビジネスを見るときの重要な視点として、「B to B」「B to C」というように、どのようなプレイヤーが取引をしているのかを見るということがあります。この「B」はビジネス（Business）、「C」はコンシューマー（Consumer）の略で、それぞれ企業と顧客を指します。

プラットフォームサービスも、この「B」を客にするのか、それとも「C」を客にするのかの基本的に二通りです。例えば、ユーザー同士が売り買いをするネットオークションサイトの老舗《しにせ》「ヤフオク！」や、ダウンロード数が一五〇〇万を超えて話題のフリマアプリ「メルカリ」などは、個人と個人の間で取引をしてもらうものなので、「C to C」です。一方で、ビジネスを支援するさまざまな管理ツールを提供する「サイボウズ」のようなサービスは、サイボウズという企業のサービス自体が企業を支援するので「B to B」です。

では、リクルートはどのようなモデルなのでしょうか。彼らは参加する企業と顧客との間に立ち、取引を円滑に行うことを手助けするため「B to B to C」となります。これから紹介するiモードも楽天も基本的には「B to B to C」のサービスです。

プラットフォームに参加する企業と、また利用する顧客の両方を支援するこの「B to C」サービスにこそ、人を幸せにする日本型プラットフォームの秘密が隠されているのではないかと考えています。その秘密とはなんでしょうか。事例を読み解きながら、一つひとつ解説をしていきましょう。

リクルートの共有価値観「まだ、ここにない、出会い。」

私自身も一二社という数多くの企業を経験するなかで、リクルートには二回ほど所属をしました。そんな私ですが、リクルートの共有価値観ははっきりと彼らのミッションのなかで言葉になっていると考えます。第二章で社訓を紹介しましたが、リクルートのDNA

は創業者である故江副浩正《えぞえひろまさ》が遺《のこ》した言葉のなかにこそある、という人も多くいます。しかし、私はミッションに書かれた共有価値観が大好きであり、ここに本質があると考えています。少し長い文章になりますが、きっと本書を読み終えた後にもう一度読み返せば「なるほど」と思うような含蓄《がんちく》のある言葉がならんでおりますので引用しましょう。今はさらっと読み流していただいてもけっこうです。

私たちは、
一人ひとりが自らの心に従い
自分らしいライフスタイルを選択できる
「活き活きと輝く社会」を実現したいと考える。
私たちの目指す世界観は〝FOLLOW YOUR HEART〟
全ての世代、全ての地域の人々が、
より大きな「希望」を持ち、機会に満ちている社会。
自分に素直に、自分で決める、自分ならではの人生。

何度でもやり直しができる持続的で豊かな社会を目指す。

その社会を実現するため、
私たちは社会からより大きな「期待」を集め、
一人ひとりの「可能性」を信じて、
新たな「機会」の提供を目指す。
私たちの果たす役割は〝**まだ、ここにない、出会い。**〟

これをひとことで要約すると、「人生における新しい選択肢を提供する」というのがリクルートだということです。なぜ自分たちが存在しているのか。この「なぜ」のなかに共有価値観が凝縮されており、そこにこそ利益をあげる仕組みがあり、日本有数の人材輩《はい》出《しゅつ》企業といわれる彼らのDNAがあるのです。

人生の大切な選択肢を提供する「おみくじビジネス」

では、リクルートがいう「人生の新しい選択肢」は何を指しているのでしょうか。よく言われるのがリクルートは「おみくじビジネス」である、ということです。正月に初もうでへ出かけて、おみくじを引いたことはないでしょうか。そのおみくじには「縁談　よい人を待て」「就職　努力の報《むく》いがある」「転居　動かぬがよし」など、人が何かに迷うときに気にするような項目がならんでいるはずです。

これをそのままリクルートのビジネスにあてはめれば、結婚は「ゼクシィ」ですし、就職は「リクナビ」、不動産は「ＳＵＵＭＯ（スーモ）」になるでしょう。おみくじに書かれるような人生において、重大な決断をともなうイベント領域において、選択肢を提供することに強みを持つのがリクルートなのです。

こうした人生の重要な意思決定をサポートするからこそ、利用者の一回の決断にともなう単価も高くなります。結婚式を挙げるのならば数百万円かかりますし、不動産を買うのであれば数千万円かかります。しかし、だからこそリクルートは売上高一兆円という巨大な企業へと成長してきたのです。重要なのは結婚も就職も不動産の購入も、すべて人生において二回、三回と経験を重ねるようなものではないという点です。つまり、こうした分野で意思決定をするとき、人はたいてい素人《しろうと》だということです。情報を持っている人が少ないところへ、必要な情報や選択肢を提供する。その情報のギャップこそが、リクルートが必要とされるすき間なのです。

儲かり続ける仕組みをつくる「バンドエイド戦略」

リクルートの創業事業である就職や転職は、特に企業側（B）が素人のことが多い分野です。なぜなら、企業の人事担当者も入社してから退職するまでずっと人事担当というわけではなく、また人事には採用だけではなく今いる社員の評価や育成という仕事もあるからです。中小企業では人事担当者がいないこともめずらしくなく、採用は三、四年に一回しかしないという企業もあるでしょう。そうした場合、彼らはリクルートにすべてを任せてしまったほうが得策だと考えます。このように情報のギャップがあるからこそ、リクルートは大きな利益を生むことができるのです。

しかし、顧客となる「採用担当者（B）」や「就職したい人（C）」がつねに流動的に入れ替わるということは、メリットばかりではありません。つねに新しい顧客を獲得し続けなければならないという宿命を背負うのです。こういった点において、レストランのように、おいしい料理やホスピタリティのあふれるサービスを提供すれば、くり返し来てくれるリピーターを獲得できる外食産業などとはビジネスの仕組みが違います。

つまり、単に「儲かる領域をねらう」だけではなく、いかに「儲かり続ける仕組みをつくる」かが重要なのです。

この仕組みをつくるために、リクルートが重視するのが「バンドエイド戦略」です。みなさんはバンドエイドというのがジョンソン・エンド・ジョンソン社の商品名だということを意識したことがあるでしょうか。日本語では救急絆創膏《ばんそうこう》と呼びますが、バンドエイドという商品名があまりに有名すぎるため、ドラッグストアでもつい客が「バンドエイドください」と言ってしまうというわけです。

これは「粘着部のシートにガーゼが貼ってあるもの」という新しい概念ができたときに、まっさきにそれを「バンドエイドと呼ぼう」と言いはじめ、その概念やジャンル名そのもののネーミングとしてしまう手法です。そのことがらやジャンルを表すのにまっさきに思い出されることを「純粋想起《じゅんすいそうき》」と呼びますが、このバンドエイド戦略はまさに「純粋想起」のポジションをねらうことを目的としています。

バンドエイド戦略は、顧客がつねに入れ替わるビジネス分野において強い効果を発揮します。まさにブライダル産業は、結婚したいという顧客がつねに入れ替わる市場です。

例えば、「ゼクシィ」を考えてみましょう。ポイントは、なぜ「ゼクシィ」が巨額を投じてテレビCMなどの広告キャンペーンを行うのか、ということです。「そろそろ結婚しようかな」と考えはじめた人は、まず何をするでしょうか。婚約指輪や結婚指輪を探し、プロポーズをして、結婚式場を探し、お互いの両親を引き合わせる場所をセッティングして……というように、「結婚」という人生の一大イベントには、たくさんのプロセスがあります。でも、こうした結婚にまつわるすべてのプロセスを総称するような単語はありませんでした。それを総称するものとしてリクルートは「ゼクシィ」という言葉を発明して、誰もがどこかで目に触れるぐらいの大きな広告キャンペーンを展開し、結婚にまつわるプロセスにおける純粋想起のポジションをねらったのです。

「ゼクシィ」という発明

リクルートにとって「ゼクシィ」は、バンドエイド戦略における最大の成功事例といってもよいものです。検索エンジンのキーワードとして一時期「ゼクシィ」は「結婚」というキーワードよりも多く検索されていました。これは「ゼクシィ」という言葉を検索する方が、自分の求めている情報に早くたどり着くだろうと顧客が考えたからです。「結婚したい」と思う人はつねに入れ替わるもの。だからこそ「結婚をするにはどうしたらいいのだろう」と思ったときに、まっさきに「ゼクシィ」を思い出してもらうことが何よりも重要なのです。こうしたバンドエイド戦略は「ゼクシィ」にかぎらず、「ガテン系」で知られる建築現場の求人情報誌「ガテン」や、「とらばーゆしよう」で記憶されることの多い女性の転職情報誌「とらばーゆ」でも用いられています。

リクルートはなぜこうした言葉の発明にこだわるのでしょうか。私の見方では、それは創業者の江副さんが当時の採用市場に強いいきどおりを感じて起業したところからはじまっています。今の若い人たちにはなかなか想像がつかないと思いますが、むかしは求人に給与の条件が書いていないことも多く、ただ「委細面談」と書かれているだけの求人もありました。江副さんはそんな時代に「求人情報はすべてを開示した方が企業にとっても得であり、企業の成長にもつながるのだ」という考えを普及させたのです。

こうした「なぜそんなことが許されるのだ?」という、日本社会への挑戦を続ける江副さんのDNAがその後、脈々と引き継がれていったのでしょう。「とらばーゆ」という発明は、「転職は悪いこと」「女性の派遣労働は嫁入りまえの腰かけである」という古い考えを一掃して、女性の転職をポジティブにとらえなおそうという挑戦から生まれたものです。リクルートは新しい言葉を発明し、またそれを大々的な広告キャンペーンとして展開することで、言葉に宿る「言霊《ことだま》」の呪縛を解いてきたのです。

リクルート最大の強み「配電盤モデル」

リクルートというプラットフォームがどのような共有価値観を持っているのかがわかってきたところで、もう少しリクルートの強みをモデル化して見ていきましょう。

リクルートの仕組みでもっとも重要なのは、じつはおみくじビジネスやバンドエイド戦略といった一つひとつの戦略ではなく、人間が介在するからこそできることです。例えば、新しい言葉をつくり出す編集のスキルであり、営業のスキルです。それらが有機的に結合して、単に「儲かり続ける」だけでなく、「さらに儲かり続ける」仕組みともいうべき巨大なループ構造を持ちます。私は、そのビジネスモデルを「配電盤モデル」と呼んでいます。

配電盤は戸外からの電力を取り込むコードと、家の中に電力を送り込むコードとが集約される場所のことです。むかしの家では、よく見かけたものでした。その構造にリクルートの仕組みがよく似ているので「配電盤モデル」と呼んでいるのですが、人によってはわかりづらいということもあるので「ゲートウェイビジネス」と言い換えることも多いです。しかし本書ではイメージがわきやすい「配電盤モデル」という言い方で説明していきます。

いきなり結論を申し上げるようですが、プラットフォームが拡大するためにもっとも重要なのは第二章でも書いたとおり「収穫逓増《しゅうかくていぞう》の法則」がうまくまわることです。図で説明するならば、ユーザーが増えれば増えるほど、サプライヤーが増え、またユーザーも増え……というように、企業（B）と顧客（C）の両方を同時に相手にする「B to B to C」というモデルは、ループすることでより加速します。

「B to B to C」の配電盤モデル

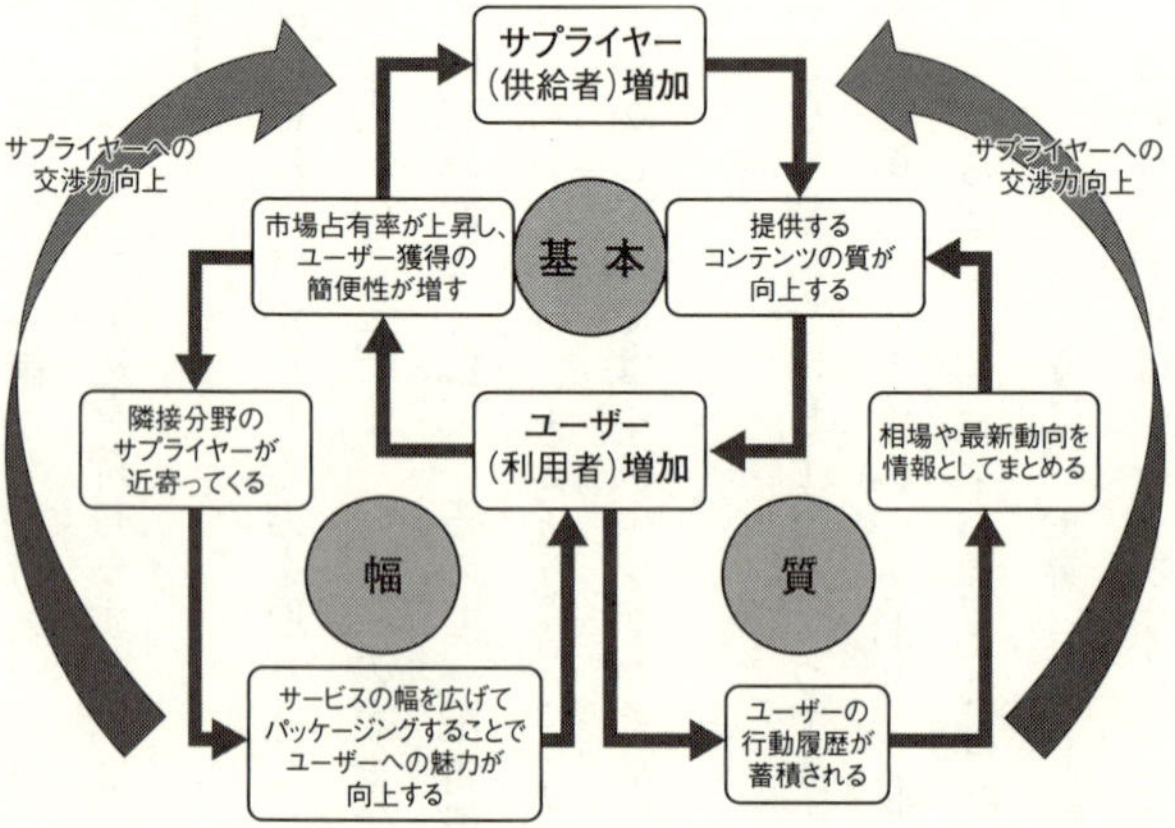

さらにこの基本ループの上に、「幅」と「質」のループが合わさることで、「配電盤モデル」はさらに加速し、プラットフォームは拡大を続けて、「さらにもうかり続ける」のです。この三つのループを、優秀な社員によるマンパワーをふんだんに使うことで、とどこおりなく同時にまわしていくノウハウこそがリクルートの強みなのです。

そもそも、この「B to B to C」分野は、リクルートの得意技です。リクルートの原点である採用支援事業がそういう内容ですし、「カーセンサー」や「ケイコとマナブ」、「ホットペッパー」など、リクルートの手がけた事業の成功例はすべてこの領域にあります。

大事なのは、企業（B）向けと顧客（C）向けの施策の両方をバランスよくこなすことです。もちろん、ある程度のエッジを効かせるために、どちらか片方に重点を置くのも戦術レベルでは大事なのですが、プラットフォームの拡大や事業の成長を考えると、最終的にはうまく両者のバランスを取るべきです。そして、リクルートはこの企業（B）と顧客（C）の双方を相手にするというむずかしいプラットフォーム運営を、もっとも上手に展開してきた企業です。

ＩＴ企業はついユーザーである顧客（C）側に向けた施策を強く打ち出してしまいがちですが、企業（B）側の事業会社を巻き込むことで、一気にプラットフォームは拡大するのです。

「ゼクシィ」の仕掛けた「幅」と「質」のループ

では、「幅」と「質」のループについて、結婚の準備を支援する「ゼクシィ」という具体的な事例を通して見ていきましょう。

まず「ゼクシィ」がしたことは、見つけにくく価格もわかりづらかった結婚式場（サプライヤー）の情報をカタログ化しました。驚くべきことに「ゼクシィ」が登場する以前は一覧性の高い情報メディアがほとんど存在しなかったのです。ほとんど競合のないところでカタログ化できたため、結婚したいと考えている男女のカップル（ユーザー）をひきつけ、また「ゼクシィ」利用者に結婚式場の見込み顧客となるカップルが増えれば、参加する結婚式場が増える、といったように「基本」となるループをまわします。

次に「幅」を広げます。結婚の準備で必要なことは結婚式場だけではありません。婚約指輪、結婚指輪、ドレス選び、引出物と招待状、結婚式の二次会、結婚後の新生活……「ゼクシィ」は結婚をしたいと考えているカップルを多くひきつけることで、そうしたカップルが見込み顧客となる隣接分野のサプライヤーをひきつけ、サービスの「幅」を広げて、「ゼクシィ」という一冊の情報誌にパッケージングすることで多様な選択肢を提供し、またカップルにとっても有用な情報誌として認識されることで、利用者を増やしていったのです。

「幅」が広がると、「質」が必要になります。なぜならユーザーが増えると、必ずしもお金に余裕のある人ばかりがユーザーというわけではなくなるため、顧客の単価が下がります。サービスの「質」を上げることで、単価が下がらないようにするのです。

とはいえ、カップルそれぞれに優秀なコンサルタントや営業担当者をつけるのはむずかしい。リクルートはこうした「質」のループをまわすときに、「プチコンサル営業」とも呼ぶべき手法を駆使します。本来、一対一でサービスを提供すべきコンサルティングの価値を、一つの商品にパッケージングしていくのです。「ゼクシィ」でいえば、気軽に式に参加してもらい、とにかくおいしい料理を食べてもらいたい、というユーザーの要望をくみとって「レストランウェディング」という形でパッケージング化し、顧客に提案するのです。ほかにも宿泊予約と旅行情報の「じゃらん」では、同じように「個室で鍵付きの温泉宿」という新しい提案を生み出しました。こうして一つの商品としてまとめることで、顧客に対して直接の営業担当者をおかなくても、大きなコストをかけることなくループをまわすのです。

また、リクルートはユーザーだけではなく、レストランや温泉宿などサプライヤーにも、このパッケージングされたコンサルティング価値の提案をしていきます。この両方の「質」のループをまわすことで、リクルートはプラットフォームとしての価値を高めていくのです。

「顔ぶれ営業」により価値を増す

このようにコンサルティング価値をパッケージングすることは、コンテンツの「質」を向上することにつながり、再びユーザーを増やします。

詳しく説明しましょう。こうした一つの情報のまとまり（パッケージ）は、いわゆる「顔ぶれ営業」と呼ばれる手法と同じものです。家電量販店の店先を思い浮かべてください。どんなに品ぞろえが充実していたとしても、そこに並ぶどれが「目玉商品」で、どれが「おすすめ商品」なのかがはっきりとわからないと、その店舗が魅力的だとは思わないでしょう。整然と商品が並んでいるだけでは、「この店舗はいい店だ」とは思ってもらえないものなのです。だからこそ、リクルートはパッケージ価値のある商品をつくり、また集中的にその商品を提供できるサプライヤーへ提案を行います。「顔ぶれ営業」のよいところは、家電量販店の新聞折込チラシに「目玉商品」の写真が掲載されるのと同じように、駅貼り広告や電車の中吊《なかづ》り広告などで商品を目立たせることで、サプライヤー側にとっても大きな宣伝となり、ウィン・ウィン（win-win）の関係を築けることです。

なぜリクルートがこのようにコンサルティング価値をパッケージングできるかといえば、情報誌の編集において「特集ページ」をどうつくるか、という編集のノウハウを蓄積しているからです。

例えば、不動産業界では駅から徒歩一〇分を超えると、どんなによい物件でもとたんに人気がなくなります。リクルートを頼る企業には、このような不人気の商品を抱えて、困っている場合が多いのもまた事実です。そこで、リクルートは編集パワーを活用して、不人気商品から新しい魅力を引き出します。仮に駅から徒歩一〇分の物件が、周囲の環境をしっかりと調べると、「夜でも電灯があり道が明るくて安全、駅から緑の多い道を歩いていけるので歩くのが気持ちよい物件」と言い換えられたとしましょう。すると、とたんに安全ですばらしい環境にあるリーズナブル（割安）な物件に変わってしまうのです。例えば夜道をおそれる女性ユーザーの不安を取り除くことができます。

一つ忘れてはいけない点としては、編集パワーによりこうしたパッケージ価値をつくれることが、そのままプラットフォームとしてのリクルートの価値になっていることです。

サプライヤーよりもプラットフォーム側がユーザーの行動や動向を把握することで、サプライヤーへの交渉力が強くなります。つまり、結婚の準備においては顧客（C）が素人であるだけではなく、企業（B）もまた新しいパッケージ価値においては素人になります。だからこそ、少しばかり高い金額をリクルートに支払ってでも、サプライヤーはそのプラットフォームに参加したいと思うようになるのです。

ユーザー獲得は営業の力

編集パワーだけではありません。リクルートはプラットフォームのループを加速するために、徹底的に営業パワーを活用します。

例えば、リクルートの情報誌がおかれているのは書店だけではありません。たとえ駅の構内でも、通りがかるビジネスパーソンがふと「転職したい」と思ったときに手にとるだろうとリクルートが考えれば、そこに情報誌を置くラックを設置する営業をかけます。

駅構内の売店でも同じです。電車のなかで読んでもらうのが有効だと考えれば、徹底的に営業をかけます。「そんな分厚い情報誌は置ける冊数が少なくなるので、積極的には置きたくない」という売店にも「ではスタンドを置いて、私たちが一日に二、三回、情報誌を持ってきますので」とリクルートの営業担当者は提案するというわけです。このように「ローラー営業」して、自分たちの営業パワーをおしむことなくふり向けるのが「リクルート流」です。

このように、編集にしても営業にしても、徹底的にやるのが「リクルート流」であるため、リクルートでは自社の人材獲得にかなりの力をそそぎます。幹部が役員会議よりも採用面接を優先する、というのは有名な話です。またリクルートの事業領域は「おみくじビジネス」を筆頭に、顧客の将来に大きくかかわる意思決定をするための情報を提供することです。例えば採用活動であれば、企業の未来を左右するだろう一大事です。その採用活動にアドバイスをするということは、企業の未来や事業の将来性を語ることに近く、ある種の経営コンサルタントに近い役割をにないます。これは相当に優秀な社員でないと務まりません。

裏を返せば、このような重大な意思決定にかかわるビジネスを手がけるからこそ、リクルートの社員は劇的な成長をとげることが多いのです。リクルートのような事業形態で、彼らほどの規模と高収益をあげる企業は世界を見わたしてもなかなかありません。編集パワーと営業パワーを最大限に使い、企業と顧客が求めるものを考えぬき、同時に自分たち自身も成長してしまう。これが「リクルート流」であり、リクルートが築いた共有価値観なのだと私は思います。

「ゼクシィ」に見る〝幸せの迷いの森〟

なぜリクルートがもっとも典型的に、日本型プラットフォームの特徴をDNAとして持っていると私が考えているのか、その理由はここまで説明してきたように、「配電盤モデル」を中心とする「B to B to C」というビジネスモデルに集約されています。この後、iモード、楽天という事例により、より深い理解をしていただけることでしょう。最後に、再び「ゼクシィ」の話へと戻り、第六章へとつながる重要な話を書きたいと思います。

先ほど「ゼクシィ」が編集パワーを発揮し、「プチコンサル営業」として「レストランウェディング」というパッケージをつくり出したという話をしました。じつは、ここには微妙なユーザー側の心理を見出すことができます。それは「人とは違う新しい結婚式を挙げたいけど、かといってあまりにはずれた結婚式はいやだ……」というユーザーの葛藤《かっとう》です。詳しくは第六章で書きますが、他人とのコミュニケーションをたのしむために材やサービスを消費することを「コミュニケーション消費」と呼びます。「ゼクシィ」で見られるような、他人と違う自分らしさを出しながら、かといって違いすぎない、人と適度に違うやり方をしたいと思う微妙なユーザー心理は「コミュニケーション消費」でよく見られるものです。

ユーザーのこうした心理状態に有効なのが、編集記事や広告によるトレンドづくりです。「今ならこれに乗っておけば大丈夫」という目新しい流行の存在は、ユーザーに安心感を与えます。リクルートが得意とする「レストランウェディング」や「個室鍵付き温泉」などの新しい提案は、このトレンドセッティングで「コミュニケーション消費」をうながすという側面もあるのです。

「ゼクシィ」の編集方針の一つに「幸せの迷いの森」という、とてもすばらしい言葉があります。特に女性は、結婚までの時間を「あれもいい、これもいい」と迷い続けることになります。ならば、その時間を幸せに迷ってもらいたい。だから情報は単にパッと出すだけではいけない――これが「ゼクシィ」をつくる考え方です。

最初はレストランでシンプルな結婚式を挙げようと考えていた人が、気がついたら何百万円もかかるような結婚式を挙げているかもしれません。しかし、当人たちが幸せならば、家族も友人もうれしいことですし、もちろん結婚式場にとってもありがたい。「ゼクシィ」が到達したのは、そんな誰もが幸せになれるビジネスです。

そして、私は今、この「幸せの迷いの森」に見られるような「コミュニケーション消費」が持つ可能性と魅力に取りつかれています。

私がなぜ日本型プラットフォームの事例として、まずIT企業ではないリクルートを取り上げたのか、ここまででおわかりいただけたでしょうか。リクルートが独自の共有価値観にもとづきプラットフォームづくりを進め、新しい魅力的な市場を生み出したことは、現在でもなお際立っています。ここには、日本人らしい余剰と余白《よはく》を楽しむプラットフォームの姿があります。ITはよくビジネスを効率化するために用いられることが多いものですが、ただ目的に効率よくたどりつくためのものだけではありません。私が「過程を楽しむインターネット」にこだわり続ける理由がここにあります。では、プラットフォームにとって「コミュニケーション消費」とはどんなものなのか。その詳細については後述します。

プラットフォームとしての「iモード」

次のプラットフォームは一九九九年にスタートしたNTTドコモの携帯電話向けインターネットサービス「iモード」です。この「iモード」は私にとっても自分が社会人最初のキャリアとしてかかわったこともあり、思い出深いサービスです。

「iモード」はすでにいろいろな角度から分析されてきたサービスです。例えばベストセラー『iモード事件』（角川書店）を書き、企画開発のリーダーでもあった松永《まつなが》真理《まり》さん。KADOKAWA・DWANGO取締役など数々の企業の要職を務め、iモードにおける数々のすばらしい戦略に関する著作を持つ夏野《なつの》剛《たけし》さん。NTTドコモの取締役として活躍され、iモード立ち上げ当時の現場責任者であった榎《えのき》啓一《けいいち》さん。みなさん当事者として、著作や講演を通じてiモードについて語っていらっしゃいます。

その一方で、日本ではスマートフォンが登場して以降、「ｉモード」に代表される日本独自のケータイ文化を「ガラパゴス」という言葉で自嘲《じちょう》してきました。これはとても不思議なことだと私は思います。

グーグルやアップルなどスマートフォンの中心プレイヤーが、じつは「ｉモード」を先行事例として分析し、戦略を立てていたということをみなさんはご存じでしょうか。彼らが参考にした「ｉモード」のビジネスモデルは「垂直統合モデル」です。これはスマートフォンの端末からＯＳ、さらにネットワークや決済の機能まで、すべてをプラットフォーム側が引き受けるというモデルです。「垂直統合モデル」を採用することで、そのプラットフォームに参加するコンテンツプロバイダーがコンテンツの制作だけに集中できる。現在のスマートフォンのアプリ市場で行われていることと、まったく同じです。

リクルートでもご説明したとおり、「ｉモード」もまたプラットフォームとして「Ｂ to Ｃ」の構造を持ちます。つまり、サプライヤーとしてのコンテンツプロバイダー（Ｂ）を「ｉモード」を運営するプラットフォーム側のＮＴＴドコモ（Ｂ）が支援し、コンテンツに多様な選択肢が用意されることによりユーザー（Ｃ）をひきつけるというモデルです。ここにおいても「配電盤」のループをうまくまわすことがプラットフォーム拡大の重要な要素となります。

では「iモード」の共有価値観は何か。それは「コンシェルジュ」というものでした。宿泊客のさまざまな相談や要望に応えるホテルのスタッフのように、ユーザーの気持ちを察して、もっとも手間をかけずにすべてを手配する、という役割です。

すでにさまざまな人が「iモード」を分析していますが、私は「プラットフォーム」という視点で、また当事者の一人として「iモード」をふり返ってみたいと思います。これから私が目の前で体験してきたことを書きますので、新しいプラットフォームが生まれる当時の熱気を感じていただきながら、「iモード」誕生ヒストリーの一つとして読んでいただければ幸いです。

徹底的に参加する企業の敷居を下げる

後のグーグルやアップルのプラットフォームに大きな影響を与えた「iモード」ですが、このプロジェクトがはじまった当初はさほど大きな期待を受けていたわけではありりませんでした。先ほど名前を挙げた榎部長（当時）のもとに、リクルートから来た松永さんや、ベンチャー企業を経験して来た夏野さんなど転身組と、ＮＴＴドコモ社内の公募で集めた当時二、三年目の社員で構成されたチームでのスタートです。

当時はまだインターネットが危険なものだというイメージも強く、インターネットがビジネスになるのかが、そもそも未知数という時代でした。したがって、海の物とも山の物ともつかない「ｉモード」に対して、コンテンツプロバイダーに「ｉモードにコンテンツを提供してください」と強くお願いできる状況ではありません。

コンサルティング会社のマッキンゼーが提案した「ｉモードに参加する企業から利用料を徴収するモデル」を、夏野さんが取りやめさせた、というのはよく知られた話です。「まだ市場がない段階で、参加するコンテンツプロバイダーからお金をいただいて、さらにリスクをとってもらうことはできない」と、夏野さんはＮＴＴドコモに来る直前までベンチャー企業の経営者をしていた感覚で判断したのでした。彼の判断が見事に当たったのは言うまでもありません。「ｉモード」の決済手数料は九％と決まり、この料率は現在のアップルがアップストア（App Store）でとる手数料三〇％と比べても破格の安さでした。

できるだけコンテンツプロバイダーに安心してリスクをとってもらえるような料率に設定したのです。

また、「ｉモード」でコンテンツを提供するときに使うプログラム言語も、コンテンツプロバイダーにとって扱いやすいものを採用しました。その当時のモバイルで使われていた標準仕様とは異なりましたが、そのプログラム言語が複雑で扱いにくく、参加する企業には負担が大きいと判断したのです。

まだ市場がないところへ新しいプラットフォームを提供するときには、とにかく参加する敷居を徹底的に下げなくてはいけない。その場所からスタートしたのが「ｉモード」だったのです。

持ち込まれた「リクルートイズム」

まだ形のない「ｉモード」というサービスを立ち上げるプロジェクトの初期に大きな役割を果たしたのが、リクルートの女性向け転職情報誌『とらばーゆ』の元編集長から転身した松永さん（通称は真理さん）です。

彼女が持ち込んだのが「リクルートイズム」とも呼ぶべき編集者としてのノウハウでした。

初期の私たちが頭を悩ませたのは、インターネットが危険だという世間のイメージです。もちろん私たちは技術的にはセキュリティにできるかぎりの注意を払い、専用線を用いる、暗号化の強度を上げるなどさまざまな工夫をしました。しかし、そうした専門的な技術をいくら解説したところで、一般のユーザーに伝わるわけがありません。どうすればいいのか、出口の見えない私たちに真理さんはこう言い放ったのです。

「だったらインターネットと言わなければいいじゃない」

——こうしてつけられた名前が「iモード」だったのです。インターネットという言葉を使わない。たったそれだけのことで、私たちの懸念が一気に解消し、見通しが明るくなります。こうした発想から、私たちはインターネットという言葉をあえて使わずに、マーケティング活動を展開していくことになります。

すでに説明したとおり、これが「バンドエイド戦略」です。「携帯電話で操作するインターネットサービス＝iモード」ということを、ひとたびユーザーが純粋想起するようになれば、携帯電話を買いに店頭へ行っても「ｉモードを使いたくて……」となり、いつの間にかドコモの携帯電話を買ってしまうということになるわけです。

結果的に「インターネット＝無料」というイメージを持たせることなく、ユーザーに「ｉモード＝月額三〇〇円程度の手ごろな値段で役に立つ情報が得られるもの」という認識を持たせることに成功します。

さらに真理さんが持ち込んだ「リクルートイズム」は、「待ち受け画面」の壁紙機能を追加したときにも活かされました。真理さんは「ユーザーの声を徹底的に聞く」というやり方をとり、ユーザーが「ｉモード」を使うところをじっくりと観察します。すると「ｉモード」には閲覧したウェブの画面を保存する「画面メモ」という機能があったのですが、一部のユーザーが自分の好きな画面を保存して、いつもその画面が表示されるように設定していたのです。「これカッコいいよね！」と私たちは気づき、すぐに「ｉモード」の公式メニューとして取り入れサービス化しました。こうして、その後に二〇〇億円を超える規模となる、待ち受け画面のコンテンツを販売する新しい市場をつくったのです。

すぐれたユーザー観察眼から生まれた絵文字

じつはユーザー発で生まれたものが「ｉモード」にはたくさんあります。みなさんが当たり前のように使う「絵文字」もまたユーザー動向の調査から生まれたものです。

当時のプロジェクトチームで最年少のメンバーだった栗田穣崇《くりたしげたか》さん（現ドワンゴ執行役員、通称は栗ちゃん）は、「ｉモード」を使う若い世代のユーザーたちを積極的に観察し、ヒアリング調査をしていました。当時二七歳の栗ちゃんはユーザーの世代と近かったこともあり、先入観なくいろいろな発見をします。

例えば、ある地域の女子高校生に「テレメッセージ」のポケベルを持つ割合が突出して多いという事実を見つけ、詳しく調査しました。すると理由はたった一つ。「テレメッセージ」は「ハートマーク」の文字が使えるから、という理由で選ばれていたのです。

当時は絵文字に興味をしめすコンテンツプロバイダーもありませんでしたから、栗ちゃんはさっそく絵文字の種類を考え、ドットの絵柄におとし、自分たちでつくったのです。その後にこの絵文字が携帯電話になくてはならない存在へと育ったことは説明をするまでもないでしょう。ちなみに海外でも絵文字は「Emoji」です。感情を意味する「エモーション（emotion）」と「アイコン（icon）」を合わせて「エモーティコン（emoticon）」と呼ばれることもありますが、この「Emoji」、二〇一〇年にユニコード（Unicode）と呼ばれる国際標準の規格に採択されました。日本の携帯電話から生まれた絵文字は、はるかに世界をリードしていたのです。今や当たり前の絵文字文化も、ユーザーをじっくりと観察するなかから発見され、うまくプラットフォーム側が取り入れていった成果の一つだったのです。

栗ちゃんについては、私が忘れられないエピソードが一つあります。白黒だった携帯電話にカラー液晶が採用されて、これから普及するだろうというタイミングで、絵文字もカラーにしようという話になりました。ところが栗ちゃんはこの絵文字の多色化に猛反対したのです。

「多色にしたら絵文字は絵文字ではなく、単なる絵に見えてしまう。それだと絵の好き嫌いがはっきりとしてしまうからよくない。絵文字はもっと記号であることにこだわり、記号としての想像力の余地をユーザーに残してあげないと、まず女子高校生は遊んでくれない」と栗ちゃんは断言したのです。まさにその通りでした。絵文字はモノトーンであるがゆえに、当時の女子高校生は複数の絵文字をならべて別の意味を持たせるような高度の遊びを生み出したのです。優れた観察者だった彼はそのことを知っていたのです。「栗ちゃん、すごいな……」と私は心から感動した覚えがあります。

現在のスマートフォンで当たり前のように使われるメッセージングアプリの絵文字や、「LINE」のスタンプにまでつながる絵文字のルーツが誕生した背景には、こうしたプラットフォーム運営者の優れた観察眼がありました。「ｉモード」の共有価値観である「コンシェルジュ」が意味するのは、まさにこうした事例に通じるような、ユーザーの気持ちを察するところから新しいサービスを生むことだったのです。

夏野剛さんの「健全な保護主義」

「ｉモード」というプラットフォームサービスが順調に発展し、大きなコンテンツ市場を形成することができたのも、プラットフォーム運営がきちんとなされていたからといえます。特に「ｉモード」の公式メニューにおける戦略はすばらしく、この戦略をリーダーとして引っぱったのが夏野剛さんです。

ふり返ってみると、公式メニューにおいて夏野さんがとった戦略は「健全な保護主義」とも呼ぶべきものでした。つまり、サプライヤーとして参加するコンテンツプロバイダー企業が安心してリスクをとれるように、徹底して細心の注意をはらっていたのです。

新しく登場したテクノロジーを使ってサービスをはじめるのは、当然のことながらそこには市場がないわけですから、企業にとっては大きなリスクをともないます。たとえ市場がうまく立ち上がっても、儲かるとわかれば次々と後発の企業が参入して、すぐにレッドオーシャン（血の海）になってしまいます。競争が激化すれば価格も下がり、あっという間に儲けがなくなってしまいかねません。もっといえば、当時はインターネットのサーバー費用も今ほど安くはなく、コンテンツプロバイダーは数千万円かかるような巨額の投資が必要でした。そうかんたんには大きなリスクはとれないのです。

夏野さんはこうしたコンテンツプロバイダー側の事情をよく理解し、その対応を本当に丁寧にしていたと思います。「ｉモード」の料率を九％と決めたときもそうでしたが、夏野さんはつねにリスクをとってくれたコンテンツプロバイダーが正しくリターンを得られるよう、心をくだいていました。例えば、新機能を使ったサービスはとにかく「ｉモード」の公式メニューのなかで徹底して優遇する方針をつらぬきます。必ず一定期間は上位に表示していたのです。

テキスト主体の当時のモバイルインターネットの世界では、メニューは上から選んでいくものでしたから、公式メニューの上位に表示されるだけで大量にユーザーが流れこみます。つまり、新機能を使ったサービスの市場が形成されるまで、リスクをとってサービスを開発してくれたコンテンツプロバイダーを優遇する（保護する）施策をとっていたのです。市場が小さい段階では提供するコンテンツプロバイダーの数も制限します。さらに前述のとおり、表示する順番も最初にリスクをとってくれたコンテンツプロバイダーから上位に表示し、市場がある程度立ち上がるまでの間は表示を続けました。そして市場ができあがった後は利用者数に応じたランキングに変更し、ユーザーに支持されるサービスがより多くの収益を得るという競争原理がはたらくようにしました。

収益性がよく売り上げ見込や事業計画が立てやすいという意味では、「ｉモード」が月額課金制度をとっていたことも大きかったと思います。スマートフォンのアプリで主流となった都度課金と違って、ユーザー数が増えれば売り上げが積み上がっていくという月額課金は予想が立てやすいのです。

こうしてコンテンツプロバイダーは「ｉモード」というプラットフォームに保護されるような形で安心してリスクをとり、携帯電話の新しい技術開発に応じたサービスを次々と提供できたのです。

ちなみにこの「健全な保護主義」ですが、その後の私の人生においても一つの指針となりました。例えば、自分がマネジメントするときに、私はリスクをとった人間をまずは認めて、挑戦できるような環境をなるべく用意することにしています。安心してリスクをとることがいかに人間を成長させるかということを「健全な保護主義」を見るなかで学びました。

このような「垂直統合モデル」にもとづく夏野さんの「健全な保護主義」ともいうべきプラットフォームとしての戦略は、現在のアップルやグーグルがリードするスマートフォンアプリ市場の「多産多死《たさんたし》のなかから優れたサービスが生き残る」という考え方と比べて、日本型プラットフォームの事例になっているのではないかと私は考えています。ひとえに夏野さんという人間の強い信念がもたらしたプラットフォームの成功モデルこそが

「ｉモード」だったのです。

保護から巣立つコンテンツプロバイダー

とはいえ、「健全な保護主義」にも課題がありました。当時のガラケーの画面は小さく、上から下へ一つひとつ移動していくしかなかったため、ランキングの下位にいるコンテンツプロバイダーがユーザーの目になかなか触れません。先行者の優位がくずれにくい側面があったのです。

この課題を乗り越えたのが、ニコニコ動画の運営会社で、当時は着メロをつくる企業だったドワンゴです。携帯電話の着メロが一六和音になったときに、ドワンゴは「いろメロミックス」というサービスを立ち上げました。着メロのプロバイダーとしてはかなり後発です。当時の着メロメニューは月額課金のユーザー数がどれだけいるかで並び順が決まっていたため、後発組には高い壁が立ちはだかります。

そこでドワンゴは「いろメロミックス」のテレビＣＭを打ちました。当時はＣＭを打つネット企業はおらず、ほとんど前例がないものでしたが、みるみるうちに順位を伸ばし、ついには一位になったのです。

ドワンゴが思い切った戦略に出られたいちばんの理由は、着メロ市場がすでに儲かる市場になっていたからです。夏野さんが「健全な保護主義」で育てた着メロ市場は、その当時で全キャリアを合わせて三〇〇〇億円と巨大な市場に成熟していました。だからこそ、ドワンゴはCMを打っても見合うビジネスだと判断することができ、大きくプロモーションを展開できました。「健全な保護主義」の弊害ともいえる先行者優位の市場は、iモード自身が育てた市場規模の大きさによって、ドワンゴのようなゲームチェンジャーが登場することでその均衡を破られたのです。

その後、夏野さんはニコニコ動画の「黒字化担当」取締役としてドワンゴに参加しました。ニコニコ動画もiモードと同じくコンテンツを提供してもらい、手数料を取るビジネスをしていますが、私の観察では、有料コンテンツの配信ができる「プロマガ」というサービスで、ドワンゴは最初に有名人から参加してもらい、価格破壊が起きないように注意しながら、徐々にユーザーへ機能を解放していくという慎重な運用をしているようです。「夏野イズム」はまだまだ健在のようです。

公式メニューを支えた「ミスター・フェアネス」

夏野さんの「健全な保護主義」の前提ともなる「ｉモード」の公式メニューを支えたのは、コンテンツプロバイダー同士で不平不満が出ないように公平な判断をする「ミスター・フェアネス」とも呼ぶべき榎啓一さんです。

公式メニューというのはプラットフォーム側がある程度のコントロールをするということですから、運営の判断を誤れば「なぜあそこのサービスが公式サービスに採用されて、うちは採用されないのだ」といったようにコンテンツプロバイダーからの反発を生みかねません。この判断を正しく行っていた「ｉモード」プロジェクトの総責任者が榎さんです。

一般的に知られていることではありませんが、「ｉモード」の公式メニューにおいてコンテンツプロバイダーが新しいサービスを提案するときに、必ず機能比較表を提案書につけてもらっていました。どこが新しいのか、また何がほかのサービスと違うのかといったことをはっきりさせることで、コンテンツプロバイダー同士の無用な競争を避け、また公式メニューとしての質を維持していたのです。

「ⅰモード」の人気が出てきて収益性が見込めるようになってくると、榎さんのところには「公式メニューに掲載してほしい」というプロバイダー側からのさまざまな圧力がかかってきました。しかし、榎さんは採用不採用の判断を基本的には現場の担当者にゆだね、厳格な基準をもって対処します。問題が起きたときも謝り、しかられることを一手に引き受けたのも彼です。総責任者だった人がすばらしいフェアネスを持っていたことに、私たちプロジェクトチームのメンバーがどれほど救われていたかは、言葉では言い尽くせないものがあります。

ⅰモードにあってグーグルやアップルにないもの

ここまでⅰモード誕生ヒストリーともいうべきプラットフォーム運営の実際をここまでご覧いただきました。日本型プラットフォームのよき事例として、「ⅰモード」がどういうものであったのかがよくご理解いただけたのではないかと思います。

こうした運営メンバーの努力と工夫もあり、モバイルコンテンツ市場の最盛期には、その市場規模が六五〇〇億円（二〇一一年）を超えました。二〇一二年のアップルの世界におけるコンテンツ市場がおよそ四五〇〇億円ですから、その市場がいかに巨大なものであったかということがわかります。

「iモード」における「配電盤モデル」の重要な要素は、なんといってもサプライヤーとしてのコンテンツプロバイダーに対する施策の数々でしょう。公式メニュー、「健全な保護主義」など今ふり返ってみてもプラットフォーム運営において学ぶことが多くあります。

インターネットは危険だ、無料が基本だからもうからない、携帯電話の小さい画面でインターネットする人なんていないといった、誰からも期待されないマイナスからのスタートだった「iモード」にとって、コンテンツプロバイダーにいかに参加してもらうかは大変に重要でした。だからこそ、リスクをとった人に報いることを大切にしたのです。

こうした日本型プラットフォームの運営手法の数々は、第二章で見たようなグーグルやアップルのそれと大きく異なります。あえて比較して解説するならば、彼らの場合は強烈なコンセプトをつくり、またたくみにプレゼンテーションをすることで、「世界は変わる」とサプライヤーもユーザーも信じ、またどちらも同じ方向を向くことで配電盤がまわったのです。スティーブ・ジョブズがつくりあげたアップルというブランドとその世界観がいい例です。

あらためて「iモード」をふり返ってみると、やはりグーグルやアップルが展開するスマートフォンのプラットフォームには、まだまだ足りないものがあるような気がしてなりません。例えば、今のスマートフォンには「着メロ」という文化はありませんが、「iモード」には大きな市場がありました。なぜ着メロが携帯電話にうまく定着したかといえば、着メロを気軽に使ってもらうために徹底的に着メロ設定までのステップ数を減らしたからです。

着メロを買うときは事前に決められた四桁の暗証番号を入力するだけですし、ダウンロードが終わればその直後に「この曲を着メロにしますか?」と、すぐに設定できる仕様にしました。こうした仕様は待ち受け画面の壁紙コンテンツでも同様です。さらに公式メニューでも新機能のサービスは目立つ位置におき、きちんとユーザーに認識してもらい、またサプライヤーにもリスクに見合う機会を提供しました。こうした一つひとつの工夫を積み重ねたからこそ、着メロや待ち受け画面といったビジネスが大きく成長したのです。

ここまで「ｉモード」から日本型プラットフォームの特徴を考えてきました。リクルートの事例と共通してきますが、やはり最後に「コミュニケーション消費」について少し触れておきたいと思います。混乱しないようにあえてこの言葉を使うことを避けてきましたが、着メロや待ち受け画面といったコンテンツサービスは、他人とのちょっとした違いをたのしむ「コミュニケーション消費」の代表格です。

「ｉモード」のプラットフォームを運営するなかで、ユーザーの行動から発見した待ち受け画面や絵文字といった「コミュニケーション消費」が、これほどまでに大きく受け入れられるとは私たちも予測しきれませんでした。こうした日本に根づく「コミュニケーション消費」は、次に見ていく「楽天」の事例においてもサービスを特徴づける重要な要素となっています。では、日本型プラットフォームの可能性をさぐる最後の事例として「楽天」を見ていきましょう。

楽天はアジアのナイトマーケット

インターネットショッピングの世界において、中小規模の小売店を支援する「B to B

to C」のプラットフォームとして、オンラインショッピングモールの「楽天」は大きな存在感を持っています。

楽天の共有価値観は「エンパワーメント（empowerment）」、つまりインターネットを通じて人々と社会に力を与えることです。

ですから、楽天はシステム開発の当初から「パソコンに詳しくない人でも自分で操作できること」を重視してきました。それは、楽天の創業者である三木谷浩史《みきたにひろし》さんが、当時のECサイトの状況を見て「もっと店舗が自分たちの個性を出して、商品を売れるようにしなければいけない」と考えたからです。だからこそ「パソコンが得意な人に使ってもらう」のではなくて、「商売をしている人に使ってもらう」という発想で、楽天のシステム開発は進められたのです。

その結果、今や「楽天経済圏」とでもいうべき、楽天からの集客が事業の大きな部分を占める中小の店舗たちの集団が日本には存在しています。その店舗数はじつに約四万四〇〇〇店舗にも及び、ほかのECサイトや通販サイトを大きく上まわる収益を生み出しています。

また、よく知られているように、楽天は各店舗に営業担当者がつき、売り上げをあげるための施策をコンサルティングします。また、年に二回、全国五都市で店舗が集まる会も催されます。そこで店舗同士が互いの情報を共有し、楽天でものを売るためのノウハウがどんどん蓄積されていく仕組みが成立しているのです。

こうしたノウハウによる改善を積み重ねてつくられたのが、あの特徴的な楽天の店舗ページのデザインです。

私は雑多なものがところ狭しと並ぶ姿が似ていることから、こうしたデザインを「アジアのナイトマーケット」と呼んでいます。あるいはディスカウントストア「ドン・キホーテ」の店舗で展開されるような、圧縮された商品陳列のようなものと説明してもいいでしょう。

こうした楽天のデザインを、欧米のＥＣサイトのようなすっきりしたデザインと比較して、批判している人もしばしば見かけます。しかし、その人たちは「目的がはっきりしている状態で商品を探すためのインターフェイス」と、「目的が必ずしもはっきりしない状態で、なんとなく商品を買いたくなるインターフェイス」が、まったく別のロジックで設計されるものだということを忘れていると思います。

「三つのL」が「ほしい」をつくる

楽天には「三つのL」という言葉があります。一つは、ロングテールの「L」で、まさに中小の店舗が個性豊かに存在している様子を示す言葉です。二つ目は、ライブの「L」です。客と店員がやりとりをして、コミュニケーションしあうなかから物語が生まれ、商品が取引されていくことを示す言葉です。そして最後の「L」が、まさにロングページの「L」なのです。じつは、海外のECサイトのように、商品のスペックだけを記した簡素なページにしてしまうと、そこで人気になる商品は「最安値」か「納期最短」だけになってしまいます。つまり、すでにほしい商品がはっきりとしている人が、単にわかりやすく得しそうな商品を買うだけの場になってしまうのです。

それに対して、楽天の店舗ページのデザインは、各店舗が試行錯誤のなかでたどり着いたものです。個別ページの編集権を楽天が店舗にゆずりわたすことで、さまざまな試行錯誤が生まれたのです。それはロングテール（第一のL）として存在する個性豊かな店舗たちが、一見してわかりづらいけれども個性的で魅力にあふれた商品を売りたいと考え、そこで店舗と客の間に生まれる濃い接客のライブ感（第二のＬ）を大事にしたいと考えた結果として、生まれたものです。だからこそ、楽天の店舗ページは長くならざるを得ません。その商品が生まれたストーリーや店舗の思いが、ロングページ（第三のＬ）で上から下へと語られていくのです。

これこそがユーザーの心のなかに物語を生み出す「商品を買いたくなるインターフェイス」なのです。言い換えれば、楽天は目的を持ってすぐに買い物を終わらせたい「検索買い」ではなく、迷うことも楽しむウィンドウショッピングのような「探索買い」なのです。

こうした「探索買い」はスマートフォンの時代になればなるほど、増えていくだろうと私は考えております。ＰＣに向き合う姿勢とスマホを操作する姿勢を比較して、前者は「リーンフォワード（前傾姿勢）」、後者は「リーンバック（体を後ろに傾ける）」と呼ばれていますが、この「リーンバック」の時代になるほどインターネットへの向き合い方は受動的になり、ソファやベッドでだらだらと使うものになってきているのです。つまり、「これを買う」という目的もなく「なにかほしいものがあったかな」と探索しながら買い物をするようになるのです。

「検索」よりも「探索」というこの特徴は、実は楽天をはじめとして、大きく日本がリードしているもので、それを海外のサービスが追いかけているのです。楽天のトップページに「Shopping is Entertainment!（ショッピングはエンターテイメントだ！）」という言葉が創業期から掲げられていることも、こういう話を聞けばそのすごさに納得がいくのではないかと思います。

アマゾンより楽天の品ぞろえが多い理由

さて、このような日本的な「B to B to C」の運営にくわえて、楽天には日本的な特徴がもう一つ存在しています。それが「コミュニケーション消費」にも似た店舗たちの行動なのです。

じつは楽天には、あまり知られていない意外な事実があります。それは、楽天のなかにある商品の品ぞろえは、アマゾンよりもはるかに多いということです。おそらくワインやスポーツ用品に凝《こ》っているような人は、そのことをよく知っていると思いますが、きっと驚く人も多いでしょう。ドメスティックな企業の印象がある楽天が、世界的なプラットフォームであるアマゾンよりもはるかに品ぞろえが多いのです。なぜ、そんなことが起きるのでしょうか。

それは、三木谷浩史さんが採用した「モール型サイト」という手法から生まれたものです。

先ほど、楽天市場では年に二回、全国五都市で店舗が集まる会が催されて、店舗同士が互いのノウハウを共有していると紹介しました。しかし、じつは日本の消費流通のうちEC化比率は、まだ全体のわずか七％しかありません。そう考えれば、楽天市場に出店している店舗の担当者たちは、競合相手というよりは、ECという新天地に挑む仲間同士に近い存在なのです。そのため、楽天の店舗同士は横のつながりを強く持っています。

その一方で、自由競争も行われます。すると、何が起きるでしょうか。店舗同士が互いの情報をもとに、自分がもっとも勝ちやすい場所を探して、それぞれが棲《す》み分けていくのです。

その結果として、楽天では品ぞろえが異常なほど充実しています。例えば、日本では、楽器の五点に一点、ゴルフクラブの七本に一本、ワインの一〇本に一本は楽天が販売しています。この三つの共通点は、趣味の嗜好《しこう》性がとても高いため、商品のバリエーションが多く、一つの店舗でまかなうのがむずかしい商品であることです。だから、店舗同士で「この新商品はあっちの店が得意だからやめとこう。オレはこっちを売るよ」というように、お互いの様子を見ながら棲み分けて個性化していくのです。こうして、楽天市場は全体として、どんどん多様化を続けています。

その様子は、さながら楽天にある約四万四〇〇〇もの店舗が、まるで一つの群体のようにして動きまわり、なにか新しい商品が登場したら一気に群がり、しかしすぐに互いに棲み分けていき、また新しい空白地帯を探す――というような光景です。こうして「楽天経済圏」の群体は、今も動きを止めることなく拡大を続けています。

その結果、今や「楽天に行けば、何でもある」というようなブランド化が起きました。さながら、家電量販店が普及していなかった時代の、中小の電器店がひしめく秋葉原のようです。

これは、同じプラットフォームでありながら、自身がオンラインストアであるアマゾンにはできないことです。商品を自前でそろえるアマゾンには、店舗同士が切磋琢磨しながら群体として巨大化していく力を利用することができません。

ですから日本のワイン好きはアマゾンではなく楽天に向かいます。五大シャトーの二〇〇万円のビンテージワインから、一本七〇〇円のリーズナブルなチリワインまで、きっちりとそろえる楽天のロングテール力は、じつは扱う単位を「店舗」にしたからこその結果です。

人間を介在させた方が、じつはプラットフォームとしても効率がよいという現象が起きているのです。

ビジネス側の支援に強い日本型プラットフォーム

ここまで日本型プラットフォームの事例として「リクルート」「ｉモード」「楽天」の三つを見てきました。どういったところにその特徴があるのか、少しずつ見えてきたでしょうか。

日本型プラットフォームの特徴を理解していただくために、「B to B to C」サービスという参加する企業と利用する顧客の両方を支援するプラットフォームの形にその強みがあることを説明しました。またその事例としてリクルートの「配電盤モデル」を紹介し、「幅」と「質」をどのように上げるのかを「ゼクシィ」などの具体例を通じて理解していただけたと思います。

続いて「リクルートイズム」を引き継いだプラットフォームとして「iモード」を紹介しました。また「iモード」では参加する企業側を支援するプラットフォームの仕組みとして、公式メニュー、「健全な保護主義」といった手法の存在を指摘し、また顧客の行動観察から生まれた待ち受け画面や絵文字が「コミュニケーション消費」として市場に成長するまでの物語を見ていただきました。

最後の「楽天」では、店舗側を支援する方法として、参加する店舗がそれぞれ工夫をこらせる仕組みがあること、また店舗同士が「コミュニケーション消費」をするように仲間意識を持ちながら競い合う姿を紹介しました。

三つの事例をふり返ってみると、一つ大きな共通点が浮かび上がります。それは日本型プラットフォームが企業側（B）の支援に強いということです。楽天が中小の店舗を「エンパワーメント」することで群体として力を持ち、アマゾンに負けていないことが象徴的です。リクルートは中小のレストランや温泉宿を支援することを得意としており、iモードはコンテンツプロバイダーのベンチャー企業を多く育てました。欧米のプラットフォームが多産多死のなかから一握りの勝ち組企業が生まれる構造を持っているのと比較すると、非常に特徴的です。このビジネス側に強いという日本型プラットフォームの特徴は、「コミュニケーション消費」と深くつながっているのでしょうか。

次章では、本章で浮かび上がってきた「コミュニケーション消費」というキーワードをさらに深く掘り下げて、考えていくことにいたしましょう。

第六章　コミュニケーション消費とは何か？

――ミクシィ、アイドル、ニコニコ動画

コミュニケーション大国「日本」

前章では「ｉモード」のプラットフォーム運営者がいかにユーザーを観察して、「コミュニケーション消費」を発見してきたか、という話をいたしました。待ち受け画面も絵文字も、世界に先がけて発見された「コミュニケーション消費」という巨大な市場の一つです。

この「コミュニケーション消費」をおそらく自覚的にプラットフォームへ取り入れているのがスマホのメッセージングアプリ「ＬＩＮＥ」です。スタンプといえばもはや「ＬＩＮＥ」の代名詞ともいえる存在ですが、二〇一三年通期の売上高で約六八億円、二〇一四年通期は数字こそ発表していませんが一〇〇億円をゆうに超えていると見られます。

特に自作のオリジナルスタンプを販売できる「ライン・クリエイターズマーケット（LINE Creators Market）」のプラットフォーム展開は好調です。二〇一四年五月の開始から二〇一五年五月までの一年間で登録クリエイター数は世界一五六か国三九万人、販売中のスタンプは一〇万セットを突破したと発表しており、販売総額は累計で八九億四六〇〇万円まで拡大しています。

こうした「コミュニケーション消費」はもはや日本型プラットフォームのDNAと呼べるまでになったと私は考えております。まさに日本は「iモード」の着メロ、着うた、デコメなどの装飾メール、待ち受け、着せ替えなど、コミュニケーションを活性化させるために消費される「コミュニケーション消費」大国です。フェイスブック専用のメッセンジャーアプリ「フェイスブックメッセンジャー」が「LINE」を追いかけるように絵文字機能を追加したこともよく知られています。

私は、この「コミュニケーション消費」が日本型プラットフォームの特徴であるというだけではなく、そこには「人を幸せにするインターネット」「自己実現へと向かうプラットフォーム」がどういうものなのか、そのヒントがあると考えています。

本章ではまず二〇〇四年にスタートし、日本ではもっとも早い時期からSNSを展開していた「ミクシィ（mixi）」の事例を見ていきます。すでに入会している登録ユーザーから招待を受けないと利用登録ができないという完全招待制を採用していたミクシィは一時期、ユーザー数が一〇〇〇万人を超え、確固たる地位を築いていたSNSでした。往時の盛り上がりからすると今は落ち着いており、少しずつ上向きになっていると感じられる面もありますが、やはり往時の勢いを取り戻すほどではないようです。むしろ会社としてのミクシィは、スマートフォン向けゲーム『モンスターストライク（モンスト）』を提供する会社というイメージの方が現在では強いぐらいでしょう。

なぜミクシィはたくさんのユーザーを失ったのでしょうか。その理由として「フェイスブックがユーザーをうばった」と言われることがあります。しかし、私はフェイスブックよりも以前、ツイッターが日本に登場した時点で、その凋落《ちょうらく》ははじまっていたのではないか、と感じております。ミクシィはツイッターという新しいSNSの脅威から、非常に優れた日本型プラットフォーム運営を手放し、そのためにユーザーの「ミクシィ離れ」が起こったと分析しています。

では、ミクシィが持っていた優れた日本型プラットフォーム運営とはどのようなものだったのでしょうか。また、ミクシィが運営されるなかで起こった「コミュニケーション消費」という現象についても、解説をしていきたいと思います。

日記が大好きな日本人

ミクシィとほぼ同時期にスタートした「GREE（グリー）」も、SNSとしてスタートしましたが、のちに基本無料の携帯電話向けブラウザゲームを前面に押し出す方向へと変わっていきました。その意味では、ミクシィは日本を代表するSNSといってもよいでしょう。

グーグルがSNS「オーカット（orkut）」を日本に上陸させるという話がIT業界で話題になったこともありますが、基本的にはミクシィとGREEという和製SNSがツイッターフェイスブック以前の主要プレイヤーでした。

さて、同時期にスタートしたミクシィとGREEですが、ある時期からなぜか普及のスピードに圧倒的な差がついていきます。GREEがIT好きのユーザーを集めながらも、ミクシィが圧倒的な勢いでユーザー数を増やしていったのです。その当時のIT業界ではあるサービスの普及するときには「五〇万人の壁」と呼ばれる一つの山が存在するといわれていました。五〇万人まではIT好きのユーザーへ届けることができるのですが、それ以外の一般ユーザーまでサービスを届けようと思うと、なかなかその壁が超えられないのです。普及のカンフル剤として著名人に自社のサービスを使ってもらうなどの施策が必要となるのです。

今となっては笑い話ですが、普及に差がついた理由として冗談のように語られていたのは「GREEの画面は青色を基調にしたデザインしているからビジネスっぽい。ミクシィはオレンジ色を基調にしているから女性ユーザーが親しみやすいのだ」というものです。実際には女性ユーザーがこぞってミクシィのユーザーとなったことはユーザー数が勢いよく増えた大きな理由ですし、女性が増えることで男性が増えるというのは第二章のフェイスブック創業ストーリーで紹介したように、SNSが普及するための黄金パターンではありますが、そのような理由はあまりロジカルではありません。ミクシィの強さはどこにあったのでしょうか?

私はその理由の一つとして「日記」を挙げたいと思います。あまり知られていないことかもしれませんが、個人の書く「日記」というコンテンツは日本のインターネット黎明期《れいめいき》から人気があり、当時からアクセス数の多くを占めていました。私が知るかぎり、海外では日本ほど「日記」というコンテンツは人気がありません。日本で人気があるのは、平安時代以来の日記文学や、近代の「私小説」という文学の伝統があるからなのでしょうか。

この「日記が好きな日本人」という事実は、ミクシィの強さの源泉の一つだったのだろうと推測します。その理由までは詳細に分析しておりませんが、私にはなにか日本人の心の深いところに日記という文化が根づいているように感じられます。月並みな表現ではありますが、やはり民族としての同質性の高さや、美しい四季の存在などの背景が、細やかな日常の機微《きび》を読みとる日本人の感受性を育てたのだろうと思います。

第二章で「マイスペース」を解説する際に、「情報の送り手と受け手の収穫逓増」という話をいたしましたが、まさに日記はあるユーザーが書けば誰かが読むというように、双方がやり取りをするなかでプラットフォームが拡大する起爆剤となる機能です。

ミクシィの強さの源泉「ラダー」の設計

とはいえ、ただ日記の機能があるだけではミクシィの強さの秘密はこれだ、と断言することはできません。競合するSNSに真似されてしまえば、つまり機能だけでは競争で優位に立つことはできません。では、ミクシィの強さの源泉は何だったのでしょうか。

私はミクシィは、ユーザーの行動が自然にプラットフォーム拡大へ向くような「ラダー(ladder)」の設計が精緻《せいち》になされていたからではないかと考えています。

ラダーとは「はしご」のことです。ミクシィというサービスを使うにあたり、ユーザーがはしごをのぼるように、最初は気軽に行えることからはじめてもらい、徐々にプラットフォーム運営者が望む行動をしてもらうように自然に誘うこと。この手法をラダーと呼びます。

プラットフォームを拡大するための運営に必要なことが、このラダーと呼ばれる手法に集約されています。つまり、ユーザーをただコンテンツを消費するだけの受け手に終わらせるのではなく、情報の送り手へと自然に仕向けなければプラットフォームは拡大していきません。運営者はうまくこの道筋を自社のプラットフォーム内に設計しなければならないのです。

立ち上げ当初のミクシィはこのラダーを本当にうまくつくっていました。そして、その設計はとても日本的です。

「足あと」は相手の行動をうながす

まずは「足あと」機能です。なつかしいと思われる人もいらっしゃるかもしれません。この「足あと」は現在でいえば「ＬＩＮＥ」の「既読《きどく》」機能といえばわかりやすいでしょうか。今でこそこの「相手が自分の日記やメッセージを読んだことを知らせるしるし」ともいえる「足あと」「既読」機能はさまざまなメッセンジャーアプリにも取り入れられていますが、その元祖ともいえるのがミクシィの「足あと」です。

あるユーザーが誰かの日記を読むと、文字どおり「足あと」がつき、そのユーザーが日記を読んだことが書き手にも伝わります。

日記を書いた側からすれば「読んでくれている」となり日記を書く意欲につながります。また自分も相手の書いた日記を読みに行こうという行動につながります。

一方で日記を読んだ側からすれば、「読んだのに感想のコメント一つもつけないのは失礼じゃないか」と思い、また「足あとをたくさんつけているばかりではまるでストーカーのようじゃないか」というような気持ちになり、自分が嫌われたらどうしよう、という不安に駆られます。そんな気持ちから、いつの間にか日記にコメントを書くようになるのです。

このユーザー同士の往復はずっと続きます。日記にコメントを書いてもらったユーザーは、今度は相手の日記にコメントを書き、またそれが「読んでもらうとうれしいから、もっといろんなことを書こう」となり、ある人は「日記を書けばいろんな人に読んでもらえるのか、ならば自分も書いてみようかな」と思いはじめ、はしごを一段のぼり、自ら日記を書くという行動へと移っていくのです。

日記は書くのにも時間がかかり、投稿すること自体にも勇気がいります。ユーザーにとってかなり心理的なハードルの高い行為です。しかし、この「足あと」→「コメント」→「日記を書く」という優れたラダーの設計により、ミクシィは自然とユーザーに行動をうながすことに成功したのです。

「コミュニケーション消費」の本質はTシャツにあり

こうして「足あと」機能を起点とする優れたラダーの設計を持っていたミクシィは、日本型プラットフォームの特性を活かして、ユーザーを爆発的に拡大していきました。

次にポイントとなるのは、「コミュニケーション消費」のあり方です。「コミュニケーション消費」を前章では「他人とのコミュニケーションをたのしむことを前提とした財やサービスを消費すること」と少しむずかしく説明をしましたが、もう少し詳しくお話ししましょう。

その特徴がもっともわかりやすく出ているのが「Tシャツ」です。ここでいうTシャツは、みなさんがよくご存じのTシャツであり、なにか特別なものを指しているわけではありません。ふつうのTシャツです。

そもそもTシャツというのは、男性用の肌着にその原型があり、一九七〇年代から広まったといわれ、男女を問わず着られて安価であり、手軽なファッションであることから広く着用されている衣服です。

しかし、そうした一般的な説明だけではとらえきれないことがあると私は考えています。

みなさんはどんなTシャツを着ているでしょうか。ブランドのロゴがあるもの、何かのキャラクターを描いたもの、英語などで何かメッセージが書いてあるものかもしれません。また、音楽のライブ会場で買った会場限定のTシャツは「あのときにライブ会場へ行った」ということ自体を表現しているかもしれませんし、「HAWAII」と書いてあれば「あれ、ハワイに旅行へ行ったの？」と話しかけられるかもしれません。

こうしたTシャツが持つ機能は、単に「ファッションだ」という説明だけでは、複雑すぎるものでしょう。私は他人との会話が生まれるこのTシャツが持つ機能を「コミュニケーション消費」と呼んでいます。別名「Tシャツ理論」ともいいます。

つい「そのTシャツ、いいね！」と言いたくなる、あるいは言ってもらいたい。また、友だちとまったく同じTシャツは着たくない、またはライブ会場でアーティストやほかのファンと一体になりたい、といったように他人との関係性を意識する。Tシャツはこのように他者とのコミュニケーションのために着る、という一面があるのです。

あるときは「オレはこんなTシャツを着ている」「私のTシャツかわいいでしょ、見て」といったように、あたかも友だち同士のなかにおけるTシャツのコンテクスト（文脈）を競うように、また友だちとのコミュニケーションそのものが目的となってしまう場合すらあります。しかし、こうした競い合いのなかにこそ、「コミュニケーション消費」がなぜ大きな市場を形成するのか、その理由の本質がかくれているのです。

また、見落としてはいけないポイントとしては、Tシャツが「なりたい理想の自分」を示すことがある点です。例えば「舌を出したローリング・ストーンズのTシャツ」を着ているならば、きっと「オレはロックな人間だぜ」と自分自身の理想を投影し、いわゆるテンションを上げるために着るという目的もあるはずです。

そう考えていくと、まずは「自己を投影したTシャツを着る」ということがTシャツにおけるコミュニケーション消費の第一歩になるのではないでしょうか。ここでは今まで紹介してきたリクルートの「ゼクシィ」、「iモード」の待ち受け画面、楽天の店舗などが、こうした「なりたい自分」を投影して動くプラットフォームだったことを思い出してください。

まずは「自己投影」からはじまり、次に「あいつを笑わせてやろう」というように友だちへとその視点が移っていく。こうしてTシャツは「コミュニケーション消費」として用いられるようになっていくのです。

「バッジ」が大事

再びミクシィに戻り、彼らが展開した「コミュニケーション消費」によるユーザー活性化の手法を見ていきましょう。彼らがすばらしかったのはこの「コミュニケーション消費」を利用して、うまく「コミュニティ」の機能を育てたことです。

カギとなるポイントはどこにあったのでしょうか。それはたった一つ。「バッジ」が「コミュニケーション消費」におけるTシャツのように機能したことです。

ミクシィでは誰かのプロフィールページを訪れると、いちばん目立つ自分のプロフィール写真のすぐ下に「参加コミュニティ一覧」が表示されます。ここで大事なのがバッジです。ミクシィでは目立つ場所に、コミュニティの名前といっしょにバッジの画像が並べられます。好きなアーティスト、テレビ番組、映画、作家、アニメ、場所、趣味、動物、卒業した学校……あらゆるコミュニティが、あたかもTシャツを着ているかのように表示されるのです。

友だちのプロフィールページにバッジが並んでいて、自分のページにはまったくバッジがないと、あたかも自分は無地のTシャツを着ているかのような気分になります。「こいつは何もないやつなんだな」と友だちから思われてはたまりません。自分も友だちが入っているようなどこかのコミュニティに入らなければいけない。そんな気分になるのです。

それならば自分の好きなバッジを並べよう。先ほどのTシャツと同じように、まずは自分の好きなものや趣味のコミュニティなどのバッジを並べ、「なりたい自分」を投影していきます。ここがラダーでいうところの第一段階です。

するとバッジを一つだけ付けるのではどこかさびしい。かといって自分の趣味や嗜好がぜんぶさらけだされるようにバッジがたくさん並ぶのも何かいやだ。そうユーザーは考え、徐々に友だちに「何だよそれ」「そんなの好きなんだ⁉」と言われるだろうバッジをあえて選ぶようになります。いわゆるネタっぽいコミュニティや、あえてニッチなコミュニティに参加して、そのバッジをつけるのです。

そうこうしているうちに、ユーザーは「自分がいかにおもしろいのか」「自分がいかに個性的か」「自分がいかに最先端のネタに通じているのか」などを伝えたくなってきます。こうした欲求は「自己顕示欲」とも呼ばれますが、こういう心理状態になってくると、「コミュニケーション消費」をはじめているといってもよい段階へと入っていきます。

そして自分を表現してくれるようなコミュニティやバッジを選びはじめます。バッジのデザインでいえば、ミクシィの運営者が意図していたのかどうかはわかりませんが、バッジにアニメーションを入れられるGIFというフォーマットを使うことができたこともあり、デザインそのものの多様化と、コミュニティの多様化が同時に起こります。くわえてこうしたニッチなコミュニティは結束が強く凝集性《ぎょうしゅうせい》が高いため、仲間内で盛り上がりやすいという特徴もありました。ここまでがラダーの第二段階です。

そして、最後の第三段階です。コミュニティのなかに定番のように「自己紹介のコーナー」が登場するようになりました。これはバッジがコミュニティにつながっているため、ただコミュニティに参加するだけではなく「今度、新しく入りました。よろしくお願いします」とユーザーが書き込むようになったのです。するとすでに参加しているコミュニティの人たちは「ようこそ！」「よろしくお願いします！」などコメントを返す、というような文化が生まれたのです。初期のインターネットのホームページの掲示板や、パソコン通信のフォーラムで見られたような挨拶の応酬です。

こうしてバッジからはじまったラダーによって、コミュニティでの新しい出会いが生まれ、さらに投稿のハードルが下がるという好循環に入っていくのです。特にコミュニティに好意的に受け入れられたという気分になることはとても重要です。自分が受けたことを、次に入ってくる新しい参加者へ返していこう、という第三章で紹介したような「ペイフォワード」が生まれるからです。この循環がプラットフォームに参加する人たちのつながりを強くしていきます。

なぜミクシィはユーザーを失ったのか？

「ミクシィ」というSNSはまだ力を残しており、例えば、美容師同士のつながりなどで現在も強い力を持っているというのは知る人ぞ知る話です。しかし、残念ながら一時期ほどの存在感を示してはいません。

そのつまずきはツイッターの登場でした。ツイッターはほとんどの方がご存じかもしれませんが、一四〇字という短い投稿を行うオープンなSNSです。話題性もあり、また短い文章を書くだけでいいという心理的な負担の少なさもあり、ユーザーは気軽に投稿しますので、とてもにぎわっているように見えました。危機感を覚えた「ミクシィ」のプラットフォーム運営者は、対抗策として「ミクシィボイス（mixiボイス）」というツイッターに似た短文投稿機能をつくりました。

似た機能を追加するだけですから、一見すると圧倒的なユーザー数を抱えていた「ミクシィ」が有利に見えますが、これは大きな判断の過《あやま》ちだったのではないかと私は思います。

短文が投稿できるようになったことで、今まで心理的なハードルを乗り越えて日記を書いていたユーザーが、より気軽に投稿できる「ミクシィボイス」を使うようになります。すると先ほどまで解説してきたようなミクシィの最大の強みだった美しい「ラダー」の設計が一気にくずれてしまうのです。さらに「ミクシィボイス」でたくさんつぶやけばつぶやくほど、「足あと」機能が存在する意義がうすれていきます。日記を見たらコメントを残す、というミクシィが築いてきた文化そのものが破壊されてしまうのです。ついにはラダーの起点ともなっていた「足あと」機能をなくすという結末をむかえることとなったのです（その後、復活しました）。

「ミクシィ」の対応がまずかったのは、機能を追加するときに、プラットフォーム運営者自身がサイト内でどのような情報の流れをつくり、どのようにユーザーに使ってもらうのかがはっきりしなかったことでしょう。つぶやきによる更新頻度の高いストリーム、日記という更新頻度は低いがじっくりと読まれるストリーム、コミュニティというみんなでワイワイとたのしむストリーム。この性質のまったく異なる三つの情報の流れをうまく統合することができなかったのです。

ミクシィは自分たちの強みに気づいていたのか?

私が残念に思うのは、あれほどまでに日本型プラットフォームの特徴を代表するような、優れたラダーを設計しバッジでの「コミュニケーション消費」などを持ちながら、なぜその強みをうまく活かしきれなかったということです。あのフェイスブックでさえ、コミュニティのラダー設計に失敗しているのではないか、というのが私の見立てです。なぜなら、世界中で何億人もの人が使っていながら、「ミクシィ」が見せてくれたような熱気あるコミュニティがなかなか育っていないからです。

もし、ミクシィが自分たちの強みを客観的に言語化し、大切な価値観としてうまく共有できていれば……と私は思います。そうすれば、ツイッターのような強力なライバルがいざ登場したというときにも、あわてることなく対処できたのではないでしょうか。例えば、ユーザーをつぶやきから日記へと誘導する新しいラダーを設計できていれば、もっとユーザーの反応は違ったことでしょう。また、つぶやきからうまくコミュニティへ誘導するような仕組みがあればよかったのかもしれません。画面内の見せ方を工夫したり、あるいはフェイスブックのように思い切って一つのタイムラインに統合するなど、彼らの共有価値観さえしっかりとしていれば、やり方はいくらでもあったはずです。

ミクシィからツイッターへの移行は首都圏のＩＴ企業に勤めるような人たちから起きていたことではありますが、地方の熱心なミクシィユーザーの間でもそうした移行が起きていたというわけではありません。ミクシィはまだ地方ユーザーに愛されていたのです。こうした多くのユーザーをラダーがくずれることで使い勝手が悪くなり失ってしまったことで、せっかくの日本型プラットフォームが勢いを失ったことは残念でなりません。

「ミクシィ」が迷走をはじめた当時、すでにゲームがメイン事業となっていた「ＧＲＥＥ」や「モバゲー」と比較されてしまったのも不運でした。「ミクシィ」も約二〇％という高い利益率を出していましたが、「GREE」「モバゲー」は約五〇％もの高い利益率を出しており、「ミクシィは終わった」とネットのヘビーユーザーから言われしまったのです。このサービスがはやっているという「主流感」を失うと、それはボディブローのようにきいてきます。主流感を失ったサービスからはユーザーが離れ、逆に主流感を得たツイッターやフェイスブック、LINEといった新しいサービスにユーザーは移行していったのです。

こうしたミクシィのある意味における「失敗」は、いろいろなことを私たちに教えてくれます。まずプラットフォーム運営は、単にほかのサービスと機能を比較して、その機能を入れればOKという話ではないということです。つくるだけではなく、どのように使ってもらうのかが大切です。ユーザーにとって必要な機能があることは当たり前の前提とすべきことであり、ヒットするサービスの必要条件にすぎません。

重要なのは、プラットフォーム運営者が意図する方向へ導く、サービスの動線をうまく設計していくことです。新しく入ってきたユーザーにまず何をしてほしいのか、またどんなラダーをのぼってほしいのか、ミクシィの足あとやバッジのような優れた仕組みをこれからのプラットフォームにうまく活かすことができないのか。今回お伝えしたかったのはこういうことです。

批判からは何も生まれません。みなさんもぜひ「ミクシィ終わった」と批判するだけではなく、なぜ「ミクシィ」は日本で多くのユーザーを獲得できたのか、どこに強みがあったのか、すばらしいと思ったことは忘れずにほめていただきたいと思います。

グループアイドルと連歌

次に「コミュニケーション消費」における日本らしい事例として、少し変化球ではありますがＡＫＢ48などのグループアイドルの構造を考えてみたいと思います。私の観察では、昨今のアイドル文化は「コミュニケーション消費」における未来像に近い姿を持っており、とてもクリアなイメージを与えてくれる事例です。

先日、『アーキテクチャの生態系』（ＮＴＴ出版）の著者で情報環境研究者の濱野智史《はまのさとし》さんがプロデュースするグループアイドル「ＰＩＰ」のライブを見に行きました。

そのときに、とても不思議な気持ちになりました。その日の彼女たちのライブには、Ａ

KB48にオマージュしたセットリスト（演奏する曲の一覧を順番に記した紙）がありました。アイドル好きには、そのセットリストを見るだけで、プロデューサーである濱野さんが、例えば「あの福岡の公演でさしこが◯◯だったときに、あの子が◯◯したときの曲なんだよ！」という思いを込めていることがわかるのです。

見方を変えれば、それは濱野さんがAKB48の歴史に重ねて、現在のPIPに込めたメッセージであり、演者であるメンバーもファンたちも理解しています。言葉はいりません。アイドルとファンが一体となって、そのセットリストに込められた濱野さんの想いを憑依《ひょうい》させて、ライブに興じていました。彼らはAKB48という伝説的なアイドルグループの成長の歴史を当然のようにみなで共有していて、その歴史にみずからの現在を重ねあわせることで、自分たち自身がそれを表現しようとしていたのです。

私はその姿を見たときに「ああ、やはり現代のアイドルの本質は連歌《れんが》にあるのだ」と思いました。連歌というのは、平安時代後期に日本の貴族たちが生み出した和歌の遊びです。みんなで車座《くるまざ》になって座り、前の人の上の句（五七五）につなげる形で、下の句（七七）を詠《よ》んでいくゲームです。

この連歌で重要なのは、前の人の和歌のモチーフを、次の人が継承しなければならないというルールがあることです。そこには「連ね・合わせ・重ね」などの形式があり、その継承の仕方によって自分らしさが表現されます。その過程を通じて、連歌の参加者は互いにモチーフを憑依させて、みんなでたのしみあうのと同時に、その過程で生まれ出る差異を楽しんでいるのです。

これは、まさにPIPがAKB48を継承する際に、起きている現象と同じではないかと私は感じたのです。彼女たちもまたAKB48というモチーフを引き継ぐかたちで、「自分たちらしさ」を表現しているからです。

重要なポイントは、ここにおいて「何を引き継いでいるかをあえて説明していない」ということです。「説明しない」ということこそが継承の過程で多様性が生まれてくる理由なのですが、言葉の遊戯《ゆうぎ》である連歌でそれを説明するよりも、言葉を極力用いないことをルールにしている茶道の文化を引き合いに出したほうがわかりやすいかもしれません。

茶道では、客を迎えるときに、茶室をその客のためにあつらえます。しかし、香や器、茶菓子などあらゆる準備をして相手を「おもてなし」するにもかかわらず、その意図を主人は言葉にしてはいけないのです。客もまた、その意図に感づいても、そのことを直接に語ってはいけません。

例えば、若い客を迎えるために、主人が「一本だけ芽を残した長い竹」を玄関に置いておいたとしましょう。客はそれを見て、「ああ、これは今日、自分を若い竹の芽として扱うという意思表示なのだろう」と読み取るわけですが、それを決して口にはしません。代わりに、茶室の作法のなかで、客として振る舞うなかで応《こた》えていくのです。

これは、いわば人々が隠喩《いんゆ》のみによってコミュニケーションをしている光景と言えるでしょう。人間は、言葉でメッセージを表現してしまった瞬間に、相手の意図していた意味の解釈を自分のなかで固定させてしまいます。明示的なメッセージというものは、思考停止をもたらす存在でもあるのです。

しかし、それでは言葉からゆらぎが失われてしまい、人間はその対象についてエネルギーを傾けて考えるのをやめてしまいます。しかし、逆に言葉の意味を確定させなければ、常にその対象を理解するためのエネルギーが放出され続けます。連歌においても、言葉こそ用いてはいますが、それは明示的なメッセージを伝えるための言葉ではありません。だからこそ、新しい「重ね」や「合わせ」の表現が生まれ、前の隠喩的な表現をあとの表現が引き継ぎ、純粋なコピーではないがゆえの多様性が生まれるのです。

AKB48と楽天の共通点

こうしたことはアイドルにかぎらず、さまざまなプラットフォームで見られます。例えば、「ニコニコ動画」の動画ページには、ジャンルを表す「タグ」という言葉を、それぞれの動画につけるふせんのように用いる機能があります。まさにタグは隠喩でコミュニケーションしているような仕組みに近いものだと思います。

例えば、ニコニコ動画のタグには、ユーザーが生み出した「振り込めない詐欺」「どうしてこうなった」などの、動画の意味を少しずらして表現したものがたくさん存在します。また、こうした連歌にも似たタグのあり方が新しいカテゴリーを生み出し、そのカテゴリーにファンがつき、今度は動画の新しい表現が生まれていくのです。

グループアイドルの場合には、さらにおもしろい現象が起きます。例えば、AKB48から「がんばり屋だけど、涙もろい」というキャラの女の子が引退したとします。すると、その空いたスペースを狙って、別のメンバーがそのキャラを引き継ごうとします。しかし、そううまくはいきません。最近のアイドルはSNSやブログなどで積極的に情報発信をしており、そうかんたんに今までとは違うキャラクターをよそおうことができないのです。そうした葛藤をへて、アイドルは自分ならではの個性を見つけ、また表現していくのです。

このように「AKB48」を一つのプラットフォーム、群体としてとらえる見方は、前章で紹介したような、楽天が約四万四〇〇〇店舗という群体のなかで、あるときは同じ方向を目指し、あるときは棲み分けて個性化していくという流れと同じです。例えば、ワインの通販ショップのうち、ある店舗は「うちは安くておいしいワインをガンガン売るぞ」と言い、ある店舗は「南米ペルーの貴重なワインを大事に売ります」と言います。互いにまだ誰も手をつけていない空白地帯を探しながら、得意で長続きする独自の方法を求め、個性化していくのです。このように多様化と個性化をくり返しながら、群体としてブランドを獲得していく姿はAKB48も楽天も同じです。グループアイドルをプラットフォームととらえるならば、やはり楽天で見たような日本型プラットフォームの特質が発揮されるのです。

「コミュニケーション消費」は海を超えて広がる

じつのところ、ここまで「コミュニケーション消費」が強力に発達しているのは、日本人ならではの特性です。自分の周囲のたわいもないことを書いた「日記」や「私小説」という表現形態が定着している国であるからこそ成立する、インターネットのあり方であり、可能性でもあるのです。

この「コミュニケーション消費」が今後、世界に広がる可能性を私は感じています。今までのインターネットの世界は、やはり発祥が米国ということもあり、英語圏のＩＴ企業が中心でした。しかし、最近はそれぞれの地域や国に根づくアプリやサービスが登場してきています。例えば、メッセンジャーアプリはグローバルのユーザー数で見れば「バイバー（Viber）」や「ワッツアップ（WhatsApp）」などが億単位でのユーザー数を獲得していますが、一方で日本には「ＬＩＮＥ」があり、中国には「ウィーチャット（微信）」があるなど、それぞれの言語や文化に根ざしたものがスタンダードになってきています。

こうした動きが続けば、日本人が日本語でハイコンテクストな「コミュニケーション消費」をたのしんでいるように、それぞれの言語や文化に根ざした「コミュニケーション消費」が生まれてくるだろうと予測できます。私の見方では、特にこうした「コミュニケーション消費」は西洋よりも東洋の文化に根ざしたものであり、私が住むインドネシアもそうですが、アジア圏の「コミュニケーション消費」市場は大きく成長するだろうと思います。

一方で、最近は「コミュニケーション消費」が日本だけにかぎられた文化ではなくなってきたことにも私は気づきました。この「コミュニケーション消費」に類似した行動を、欧米のティーンたちがとりはじめているのです。第二章で紹介した「スナップチャット」という、数秒のわずかな時間で消えてしまう写真や動画をやりとりするサービスの使われ方は、私たち日本人が絵文字やスタンプでコミュニケーションするやり方と大差ありません。じつにハイコンテクストです。二〇〇七年に「iPhone」が生まれてから時が経ち、新しい世代による、新しいインターネットの使い方が定着してきているのです。

興味深いことに、とくにこの文化が発達しているのは、米国西海岸の一〇代のティーンの間です。

なぜ西海岸なのかを考えていくと、おもしろいことに気づきます。そもそも米国という国は、英国からの移民がつくりました。英国は非常に伝統を重んじる格式張った文化を持っていますから、「ありがとう」という言葉一つとっても、「Appreciate」から「Thanks. Best my regards.」、「Give my best wishes.」などの複数の言い方が存在しています。ですので、最初に英国からアメリカ大陸に上陸した移民たちが住んだ東海岸では、そうした英国の気風を引き継いだエスタブリッシュな文化が育ちました。

一方で、東海岸よりはるかに遠くにあり、たくさんの国からの移民で構成される西海岸では、もはやそんな言い方は機能しません。「そんないろんな言い方があったらよくわからないよ」「効率が悪いし、ぜんぶThanksでいいじゃん」というノリです。いわば徹底的に文化をローコンテクストにすることで、誰もがかんたんにコミュニケーションできる社会を西海岸はつくり上げてきたのです。そうした文化は、シリコンバレーなど西海岸発のIT企業の考え方にも強く影響を及ぼしてきたのだろうと思います。

しかし、「Thanks」だけですますのも、それはそれで疲れます。言葉の持つ「遊び」の要素がまったくないからです。やはり西海岸の彼らにしても、なにかあれば「サンキュー」と叫んでハイタッチしていればいい、というわけにはいきません。言葉では伝えられない気持ちをどこかで抱えているのでしょう。

それがここにきてソーシャルメディアが台頭し、さらにモバイル分野でもブロードバンド化が進むことによって、画像や動画を送り合うことでコミュニケーションをとることが可能になりました。すると日本人が携帯電話を使ってそうしてきたように、自然に彼らも自分の曖昧な気持ちを、曖昧なままに、画像や動画、さらにはスタンプや絵文字で伝えるようになりました。

英国の格式張った英語では、そのハイコンテクストな想いを、ハイコストな学習を経て覚えた表現で、正確に伝えようとします。しかし、日本が育てた絵文字やスタンプなどの文化は、そういうハイコンテクストな気持ちを、ローコストで伝えることを可能にしたものです。それは、茶道や連歌の隠喩によるコミュニケーションと同じで、正確に自分のメッセージを伝えようとしないからこそ、豊かになっていくコミュニケーションなのです。

「コミュニケーション消費」のすばらしいところは、スタンプのやりとりなど、ある閉じたコミュニケーション空間でやりとりをくり返していると、あるときお互いの考えがピタリとハマる瞬間があるところです。「この人はこのスタンプの笑顔のなかに、きっとこういう想いを込めているのだろう」といったように、コンテクストがあることで言葉や文字以上に、気持ちがダイレクトに伝わります。みなさんも経験があるのではないでしょうか。そんな「コミュニケーション消費」の魅力に、いつしか米国の子どもたちも気づきはじめたのです。

「iPhone」を持つのが当たり前のなかでティーンを過ごした、ハイコンテクスト文化に慣れ親しんだ世代が社会人として活躍を始めています。アジアだけではなく、欧米にも「コミュニケーション消費」は広がります。私たち日本人は「iPhone」に先駆けること八年、一九九九年から「ｉモード」をはじめとするガラケーで花開いた「コミュニケーション消費」の文化に慣れ親しんできました。この市場を早い時期に確立し独自の進化をしてきた日本にとって大きなチャンスです。「ＬＩＮＥ」に続く日本から世界を席巻するような「コミュニケーション消費」のプラットフォームが登場することを期待しています。

第七章 人を幸せにするプラットフォーム

「リベラルアーツ」としてのプラットフォーム

いよいよ本書も最終章です。今までの話を整理するために、ここまで語ってきたことを少しふり返ってみましょう。

第一章、第二章では、まずプラットフォームとは何かを解説し、各プラットフォームがその根本に持つ「共有価値観」の存在を指摘しました。第三章では、そのプラットフォームが世界の何を変えるのか、またプラットフォームがもたらす未来の世界はどうなるかについて書きました。第四章では、プラットフォームが誤解されやすい原因ともいえる「ビジネスモデルの重力」の存在を明らかにし、ネット社会における倫理とは何かを考えました。第五章では、舞台を日本へと移し、「日本型プラットフォーム」ともいうべき独自のプラットフォームが存在することを紹介しました。第六章では、その「日本型プラットフォーム」が持つ最大の特徴である「コミュニケーション消費」という現象について詳しく解説をいたしました。では、すべての話を通じてお伝えしたかったのは何か。

まずはＩＴ以後の世界や社会を動かす基本原理として、主にＩＴ企業が運営するプラットフォームというものが存在することを知っていただくことです。さまざまな事例を見てきましたが、現代を生きる私たちは、いつの間にか何かしらのプラットフォームの上で生活をし、またその一員としてプラットフォームに参加しています。そのことを自覚的にとらえていくことが、第四章で述べたように自由で豊かな生活をたのしむことができる「リベラルアーツ」として機能すると私は考えています。

もう少し詳しく説明しましょう。ここでいう「リベラルアーツ」とはどういうことでしょうか。かつての大学は「リベラルアーツ」のなかでも言語と論理学を重視していました。なぜなら、それを知ることによって人間は自分の生きる社会の政治や法律、文化の仕組みを知り、自由（liberal）になれたからです。日本語の「教養」という言葉だと、つい身につけておいた方がいい学問や知識という程度の意味合いでとらえてしまいがちですが、本来のリベラルアーツは、人間を自由にしてくれる技術（art）のことです。

その意味で、本書に書いたプラットフォーム運営という視点を持つことで、まさに言語や論理学がそうであったのと同様に、情報社会に生きる二一世紀の私たちを「自由」にしてくれる技術が身につくと私は考えています。なぜなら、それによって私たちはＩＴ企業が展開するプラットフォームの「ビジネスモデル」に潜む問題に気づき、その「重力」から適度な距離を保つことで、プラットフォームのすばらしさや過剰さを理解しながら適切に利用することができるからです。もっといえば、プラットフォーム運営の思想や哲学を読みとることで、次に彼らが展開することを予測できるようになります。未来を先まわりすることで、次に注目を浴びる一等地を見きわめることができるのならば、さまざまなチャンスがそこにはあるのです。

人を幸せにするプラットフォーム

次に私がお伝えしたかったのは、プラットフォームは「人を幸せにする」ということです。ともすればＩＴはいらないムダを排除して、効率化するための冷たいものだと思われがちです。しかし、私はＩＴや、またＩＴが可能性を広げたプラットフォームを「ヒューマナイズ（人間らしく）するもの」だととらえています。

この「ヒューマナイズするもの」として第三章の「カーンアカデミー」は、ＩＴとオンライン学習のプラットフォームをつくることで、授業の九〇％を占めるといわれる「先生が一方的に教える」という時間を効率化し、教師と生徒、生徒同士、世界中でつながるボランティアと生徒、それぞれが教え合うインタラクティブな場に変えました。「生徒たちが人間らしい心のふれあいのなかで学ぶ」ためにプラットフォームを使ったのです。

同じく第三章で紹介した車をシェアする「ウーバー」では、ハイヤーにおけるさまざまなプロセスを効率化することにより、移民が慣れない国でつまずかないように社会へ参加するためのファーストステップになっていました。「人間らしく」生きられるようにプラットフォームが社会をなめらかにしたのです。「エアビーアンドビー」は空き室の効率化とマッチングをプラットフォームがすることで、旅の新しい出会いやおもてなしを提供する場を与える機会を平等につくりだしました。

誰もが起業家になれる

「ヒューマナイズ」を実践する起業家として私が紹介したい人に、決済を効率化して使いやすくするツールを提供する「スクエア（Square）」を創業したジャック・ドーシーがいます。彼はなぜ決済サービスをはじめたのか、その理由として「人はお金を払うという行為を『仕方なく』やっている。この決済という行為を意識しなくなるくらいシンプルにすれば、売買はすてきなコミュニケーションに戻せる」と述べています。こうした考え方もまた、売りたい人と買いたい人を人間らしくつなぐことで、新しい世界をつくりだしているのです。

そんなジャック・ドーシーは「好きなことや問題意識を持っていることに対して、行動を起こすのが起業家だ」と言います。「Yコンビネータ（Y Combinator）」と呼ばれる起業家の登竜門となっているプログラムにおいて、彼がする最初の質問は「どんな課題を解決するか？」です。

さまざまなプラットフォームが登場する今、だれもが課題を解決できる可能性を持つようになりました。言い換えれば、誰もが起業家になれる時代になったのです。第三章で「おとうさんいまどこメーター」という新しいものづくりの例を紹介しましたが、まさにこうした事例が「誰もが課題を解決できる」というこれからの世界を象徴していると私は思います。「パパいつ帰ってくるの？」と言う子どもに対する解決策としてつくられた仕組みですが、単に不安を解消するだけではなく、あたかも「レゴ」のブロックでおもちゃを組み立てるように、たのしみながら課題解決を行うことができるのです。

また、この課題解決は場所を問わず行うことができます。私がスイスで出会ったベンチャー企業ではたらく若者たちの話です。彼らはスイスにいながらにして、日本人のいわゆるオタク向けに特化した萌え画のゲームアプリをつくり、アプリのストアで日本に向けて配信しています。そんなに日本のことが好きなのに、なぜスイスで開発しているのかと、思わず私は聞いてしまいました。すると彼らはきょとんとしてこう答えたのです。

「僕らはスイスという環境が大好きなんだ。だから大好きな日本のオタク文化のサービスを、スイスにいながらにして日本に向けて提供できること自体が最高に幸せなんだ。スイスにだって日本のオタク文化が好きな人はそれなりにたくさんいるから、けっこういい人材も集まるしね」

ポイントは好きなことは国を超えるという点、また場所をつなぐという点、そして課題解決がアプリのストアというすでに世界をつなげているプラットフォームでなされているという点です。課題解決は場所は問いません。世界のどこにいてもピンポイントで好きなことを持つ者同士がつながり、問題意識を共有し、誰もが行動を起こすことができる。プラットフォームがあらゆる課題解決の可能性を広げています。

未来に楽観的であること

こうした「問題や課題は必ず解決していける」とポジティブに考える前提について、復習しておきたいと思います。これは第四章で紹介した、長期的な未来に対してはつねに楽観的でいる「ディープ・オプティミスティック」と呼ばれる態度です。これを教えてくれたのが同じく第四章で触れたレッシグです。

彼は「TED」カンファレンスにおける二〇一三年の「みなで共和国本来の国民の力を取り戻そう」や二〇一四年の「政治改革の歩みは止まらない」というプレゼンテーションで、人口のわずか〇・〇五％しかいない政治資金提供者の意向で政治が動いてしまう現状を指摘します。そして、この「政治的腐敗」という大きな問題に対峙《たいじ》しながら、決してあきらめることなく、インターネットを使った草の根の運動で状況をほんの少し改善することができたのだ、ということを強調しました。この歩みをとめることなく、多くの人を巻き込みながら続けることで、必ず腐敗をなくすことができるのだと語ります。

ご存じの人もいらっしゃるかもしれませんが、レッシグは著作権を保持しながら一部の権利を制限することで二次創作など著作物の自由な利用を可能とする「クリエイティブ・コモンズ」の生みの親ともいえる人です。彼はさまざまな議論がありながらも、これを実現することで新たな創造の世界が生まれると信じて取り組み、本当に長い時間をかけてこれを実現しました。こうした経験から、大きな問題を解決するためにはつねに楽観的であることが大切だと考えているのです。

第三章で「シェアリングエコノミー」について書いたように、インターネットにつながるプラットフォームを使えば、それぞれのユーザーが持つ小さな空きリソースを集め、やがてそれがたくさん集まることで大きな力となり、「ウェーブ（wave）」をつくることができます。こうした考え方については、グーグル会長のエリック・シュミットが著書『第五の権力』（ダイヤモンド社）のなかでも同じことを述べています。その新しい力を信じて、「ディープ・オプティミスティック」に歩み続けることが大事だと私は思うのです。

「ディープ・オプティミスティック」を連想するものとして、インターナショナルスクール・オブ・アジア軽井沢の代表で社会起業家の小林りんさんの好きな言葉がアランの『幸福論』にあります。「悲観主義は気分によるものであり、楽観主義《オプティミスム》は意志によるものである」。これをさらに私流に解釈するために、同じく『幸福論』からまず次の言葉を引用したいと思います。

「気分にまかせて生きている人はみんな、悲しみにとらわれる。否、それだけではすまない。やがていらだち、怒り出す」
「ほんとうを言えば、上機嫌など存在しないのだ。気分というのは、正確に言えば、いつも悪いものなのだ。だから、幸福とはすべて、意志と自己克服とによるものである」（以上、神谷幹夫訳、岩波文庫）

人間を含めて、生物は常に死のリスクと向き合っています。例えば、道に落ちているヒモをパッと見たときに蛇と間違え、思わず身構えてしまう。こうしたことも適者生存の進化ゆえの結果であり、臆病《おくびょう》な人間ほど生き残れるものです。結果、脳と自然は悲観主義的になるものなのでしょうか。

とはいえ、ずっと不安や悲観的でいることは心の負担が大きく、コストを使うことでもあります。それは人間の脳にとってとても負荷のかかることです。徐々にいらだち始めて、対象に怒りをぶつけることで不安なことを心から切り離し、楽になろうとします。

例えば、イソップ童話『すっぱい葡萄《ぶどう》』はこんな話です。ある日、キツネがおいしそうな葡萄を見つけます。食べようとしてキツネは跳び上がりましたが、葡萄はみな高いところにあり、届きません。何度跳んでも届かず、キツネは怒りと悔しさで「どうせこんなぶどうは、すっぱくてまずいだろう。誰が食べてやるものか」と捨て台詞《ぜりふ》を残して去る、という物語です。

人間も同じです。人は知らず知らずのうちに、自分の手が届きにくい課題や問題を「どうせすっぱくてまずい葡萄なのだろう」と、理解の外に追いやってしまいます。マザーテレサがいうように「もしあなたが誰かを決めつけてしまったら、あなたは彼らを愛することはないでしょう（If you judge people, you have no time to love them）」というわけです。

このように、人はお互いが見えない不安から「あなたvsわたし」という対立の構図になりやすいものです。そうではなくて「あなたと私vs目的と課題」という構図でつねにありたいと私は思うわけです。

今、誰もが課題解決に参加できる時代です。インターネットはみなさんの小さな力を大きな力と変えていきます。グーグル、アップル、フェイスブック、そして国家というプラットフォームは時に行き過ぎて、どこかに歪《ゆが》みが生じることもあるでしょう。しかし、そんな時は対立するのではなく、いっしょに課題解決に取り組みましょう。楽観的な意志を持ち、深く考え続け、幸せな未来へ向かって共に歩いていくことが大事なことだと私は思います。ＩＴがもたらしたプラットフォームは、私たちの自由を広げるパートナーです。パートナーがいるからこそ、たとえ解決までの道のりが長い課題だったとしても、私たちは楽観的に歩いて行けるのです。

自己実現のプラットフォームへ

プラットフォームは「ヒューマナイズ（人間らしく）する」ためにあり、また課題解決は誰でもできるようになりました。この世界の先には何があるのでしょうか。

私が思い出すのは、心理学者マズローの「段階欲求説」です。マズローは、人間が「生理・安全」などの生存の欲求を満たし、さらに周囲への「帰属・承認」を満たすと、その最後に理想の自分を目指す「自己実現」を求めるようになると論じました。このマズローの考えにしたがうと、すべてが満たされたときに人々の興味は「自己実現」へと向かっていくのではないかと私は思います。

プラットフォームにおきかえて言えば、「生理・安全」の欲求はいわゆる先進国では満たされてきており、徐々にそれが世界へ浸透しているさなかです。「帰属・承認」は国家や宗教だけでなく、フェイスブックなどのSNSといったプラットフォームもその一部をになうようになってきました。では、「自己実現」とは何でしょうか。今までのように宗教や国家が「自己実現」に向かうなんらかの大きな物語を提供してくれることもあるかもしれませんが、プラットフォームの時代に合った「自己実現」があるはずです。そのヒントが楽天、グループアイドル、ニコニコ動画について説明したような、ハイコンテクストを背景とする過剰な「コミュニケーション消費」にあります。自己実現のプラットフォームを可能にするヒントとして、日本という国が持つプラットフォームの特殊性が活きてくるのではないか、と私は考えているのです。

「贈与と交換は多様性を内包する」という言葉があります。これは札幌市立大学教授の武邑光裕《たけむらみつひろ》さんがおっしゃった言葉ですが、「コミュニケーション消費」のあるべき姿をよく表しているのではないかと私は思います。

私なりに解釈するのならば、贈与や交換は、相手が喜ぶから成立するものです。「喜ぶ」とは、そのものが自分にはない、または得ることがむずかしいから喜ぶわけです。まさに「有り難《あがた》い」ということです。この贈与と交換を続けていくとどうなるのでしょうか。一回だけ相手を喜ばすのなら、どんなに無理して提供しても問題がありません。しかし、持続的に贈与と交換を続けていくためには、そのものが自分にとってはラクに提供できるものか、提供するのに苦労しても楽しいものでなくては長続きしません。これはまさにボランティア活動から学んだことでもあります。いろんな人と贈与と交換を続けていくと、他の人は持っていない、自分だけが提供し続けることができる何かにいきあたるでしょう。結果的にみなが少しずつ違う多様性を持つにいたるわけです。

むずかしい言い方になってしまいましたが、これは「コミュニケーション消費」として楽天やＡＫＢ48を分析したときの構造とそっくりです。日本型プラットフォームのなかにいて、ハイコンテクストで過剰な「コミュニケーション消費」が起こり、互いにわずかな差異や機微を見つけ、またそれをたのしむ姿勢が楽天で店舗を出す人たちやグループアイドルのアイドルという群体のなかにありました。

それは自分（自己）という商品を「コミュニケーション消費」という過剰なうずのなかに投じて、そのことで結果的に、やがては自分だけが提供し続けることができる何かにいきあたる（実現する）。贈与と交換のコミュニケーション消費のうずの中で、あなたのなかに、ほんのちょっとだけ、あなたにしかできない相手を笑顔にし続けることが見つかるのです。これこそが今の時代の「自己実現」なのではないでしょうか。きっと自己実現だからこそ、ピンポイントにつながるネットのなかで、いっしょにたのしく切磋琢磨し続ける同行の仲間を見つけてともに歩むことができるのです。

また、これはあくまで自分という商品を売っていくという自己中心的な贈与と交換ですが、承認という行為とセットになるため、結果的に相手を喜ばすという行為にいたるということです。つまり、やがては「自己中心的利他」にいたるのです。実際に私が大学院で行っていた人工知能の研究では、やりとりの多い複雑系のシステムにおいて、最初は他を出し抜くプレイヤーが勝ちますが、やがて利他的なプレイヤーが生き残るというおもしろい実験結果がありました。ソーシャルの時代においては、利己的な遺伝子が利他的になるというわけです。

シェアをしたりする小さなペイフォワードは、次の人が歩きやすくなる一隅の光です。みながこの自分ならではの道を行くことは、次の人が行くための一隅の光となり、その光は小さな問題解決の光だとしても、贈与と交換のなかでの棲み分けのなかで網羅性を持ち、すべてを照らすことができるようになる。私はそんな幸せのプラットフォームの可能性を日本に見いだしており、そこにいたる長い道を楽観的に歩いているのです。

あとがき

すべては「ふむふむ」「ワクワク」から

尾原和啓です。本書を読んでいただき、ありがとうございます。本文の前に「あとがき」を読まれる方、はじめまして（私もそのタイプです）。

最後に、私のかんたんな自己紹介をさせてください。私が生まれたのは大阪万博が開催された一九七〇年。人類初の月への有人宇宙飛行を目指す「アポロ計画」をはじめ、未来の可能性にみんながワクワクしていた時代です。私が小学生だった頃に初めてパソコンが登場して、高校生でパソコン通信、大学生でインターネットに触れるようになりました。

みなさんは想像できないかもしれませんが、当時のパソコンは今ほど完成されていませんから、何かをしたければ自分でつくるしかありません。小学生の頃の思い出は、『マイコンBASICマガジン』で学んだプログラムを使い、「ふむふむ、ヘビがニョロニョロと動いているように見せるには、しっぽを背景の色で消し、頭を足せばいいのか」と試行錯誤をしたことです。自分なりにアレンジしたプログラムで絵が動いたときには、世界にある秘密の一つを手に入れたようで、子供心ながらに「ワクワク」したものです。

あの頃の「ふむふむ」や「ワクワク」は今でも続いています。本書でも紹介した「iモード」の立ち上げ時には「この絵文字はこのドットが足りない」と言いながら自分で修正してみたり、「Google Now」のサービスにたずさわっていた頃は「このカードを出すタイミングはもうちょっと早い方がいい」など、やはり自分ならばこうする、といった試行錯誤をくり返しました。「ふむふむ、そうか、ならばこうしたらおもしろいかもしれない」というように、自分でつくり上げることに「ワクワク」しているのです。

一方で、私よりも若い世代は完成されたパソコンやインターネットがあるのが当たり前の時代に生まれ育ち、こうした「ふむふむ」や「ワクワク」を感じるのがむずかしいかもしれません。だからこそ、プラットフォームの原理や可能性を示した本書や二〇一四年に執筆した『ITビジネスの原理』を通じて、知り得たことや感じたことを自分なりの言葉にして、伝えていかなければいけないのだと考えています。また、伝えることは私にとってたのしいことでもあります。

そして、この「ふむふむ」や「ワクワク」を生むのが「なぜ？」という視点です。本書を手にとっていただいたということは、きっとみなさんに「なぜ？」があったからです。各章でさまざまなIT企業が展開するプラットフォームを紹介しましたが、もし「グーグルのことをもっと知りたい」「フェイスブックはもっと活用できるかもしれない」など新しい「ふむふむ」や「ワクワク」が生まれたのならば、著者としてこれほどの喜びはありません。私は「なぜ？」の共鳴から起こる「ワクワク」の連鎖がとても好きなのです。

この「なぜ？（Why?）」がなぜ大事なのかと思われた人は、経営理論家のサイモン・シネックが「TEDx」でプレゼンテーションした「優れたリーダーはどうやって行動を促すか」をご覧ください。そのみなさんの「なぜ？」がとても大事なことです。

私がインドネシアのバリ島ウブドにいる理由

私は今、インドネシアのバリ島ウブドという田園風景が広がる静かなところに居を構えています。前著の読者からは「日本的インターネットの可能性を求めて、グーグルを辞めて楽天へ転職したんじゃなかったっけ？」という声が聞こえてきそうですね。もちろん、楽天をはなれた今でも陰ながらさまざまな支援をさせていただいています。

私がバリ島に住む理由は、この地に可能性を感じるからです。バリ島は、まさに本書で書いた「シェアリングエコノミー」を体現する文化を持っています。元々自然に恵まれた土地であり、野に果実が実り、海に魚が豊かに泳ぎ、常夏がゆえにたとえ外で裸になって寝ていても凍え死ぬことはありません。山や川から水を引き、丁寧にゆるやかに稲を育てる気質。ここには自然とシェアするよろこびが文化になっています。もともと絵描きやアーティストの住みつくことが多かった土地ですが、ＩＴが登場してからは、これから先の未来を描くようなクリエイティブ・シンカー（Creative Thinker）たちが集まってきています。シェアが根づくバリ島の文化に、ようやくテクノロジーが追いつき、融合していくような感覚が私にはあります。まさに指揮者がいなくてもハーモニーを奏でるガムランのように、ネット的な文化がうねっているのです。その最前線を担いたいというのが私がバリ島のウブドにいる理由です。

とはいえ、私も一二職目のキャリアをスタートしたばかりです。プロジェクトメンバーは日本にいます。どうやって仕事をしているのかというと、勤務時間中はオフィスとバリ島のワーキングスペースをインターネットでつなぎ、映像と音声で企業の経営に執行役員として参画しています。インターネットがもたらした豊かさをもっとも享受しているのは私かもしれません。バリ島の高速のインターネット回線により、私は友人や仲間との気兼ねない会話をたのしむことができます。また、SNSでつながっていることも重要です。私はビデオ会議で一日四、五本の打ち合わせをこなしておりますが、その会議で出たアイデアをすぐにSNSでつながっている友人や仲間にシェアすることができます。

人と人をつなぐプラットフォーム

さらにSNSがすばらしいのは、インターネットを通じて新しい縁をつむげることです。新しいアイデアが生み出されるなかで「○○さんは、○○さんに会ってみた方がいい」ということになれば、私はSNSのメッセージを通じて「○○さんという人が、こんなことを考えているので、ぜひ会ってみませんか?」と声をかけます。私が直接にその場に立ち会う必要はありません。後から三人のグループメッセージにすればいいのです。

最近は、こうして自分自身も人と人とをつなぐプラットフォームになりつつあります。縁をつむぐことをはじめた当初は「なぜ得にもならないことをしているの?」とよく聞かれましたが、そこでめげることなく今まで続けてきました。そのおかげか、「尾原がそう言うならば会おう」とおっしゃっていただけるようになりました。出会うとワクワクする組み合わせを人に紹介し続けてきたからこそ、いろいろな出会った人たちが化学反応を起こし、今につながっているのだと感じています。本当にありがたいことです。

なぜ私が新しい縁をつむぐのが好きかといえば、原点はボードゲームの「モノポリー」にあったのではないかと、最近になって気づきました。これは「独占」を意味する名前のとおり、なるべく盤面に配置された不動産を買い占め、また相手を破産に追い込むというゲームです。よく友だちをなくすゲームだといわれます。前著の『ＩＴビジネスの原理』を読んでいただけるとよくわかりますが、私はもともと商いが大好きなブローカーを自任しております。そんな私が「モノポリー」を通じて発見したことが一つあります。このゲームでは土地の交換ができるのですが、自分が得するような取引では相手と交渉がまとまらず、なかなか取引が成立しないことが多いのです。そこで私は相手がちょっと得する取引をするように心がけました。そうして相手がちょっと得する取引をくり返していくと、結果的には私がいちばん得をすることになるのです。土地は渡してしまうとなくなりますが、情報や人の縁がなくなることはなく、またそれらは提供すればするほど感謝や信頼が増えるものなのです。その意味で、私も今までのキャリアを通じてさまざまなプラットフォーム運営に仕事としてかかわってきましたが、私自身も新しい縁をつむぐプラットフォームになっていきたいと思います。

つながりをつくるといえば、友人でもある予防医学者の石川善樹《いしかわよしき》さんの著書『友だちの数で寿命はきまる』（マガジンハウス）によると、このつながりの多さによって人の幸せが決まり、寿命まで伸びるのだそうです。人は「人と人の間で生きる」から「人間」です。まさに人間《じんかん》に幸せありですね。

最後に

本書を書くにあたり、本当にたくさんの方々に支えられました。

宇野常寛さんには連載の機会をいただけただけでなく、いつも深く、時に新たな角度の視点を生む語らいをさせていただいています。そこでの会話によって、本書は生まれたといってもいいぐらいです。

編集長の大場旦さん、編集担当の久保田大海さん、お二人は海外からの執筆という私の特殊な環境にもかかわらず、親身になって議論を重ね、とことん私のこだわりにつきあってくださいました。

ウブドの兄貴であるハン清水さん、ドミニク・チェンさん、石川善樹さん。お三方との日々のチャットや会話があったからこそ、原理から思想までの深みをもったプラットフォームの考察をすることができました。

さらには、私からの突然のメッセージやビデオ会議での世間話につきあってくださっているみなさん。すべてのみなさんに感謝をいたします。本当にありがとうございました。

前著もそうですが、本書の着想やエピソードは私だけが考えたオリジナルのものは一つもありません。すべてがみなさんとの会話から生まれたものです。私がみなさんから感じてきた「ふむふむ」や「ワクワク」の内容を本書に凝縮しました。本書がきっかけとなり、みなさんの「ワクワク」を刺激することができれば、著者としてこれほどうれしいことはありません。

また、本書はここで終わりだとは思っていません。本書の元となったメルマガPLANETSでの連載は形を変えて続きます。前著でも好評だった本をきっかけにして会話をつなげていく試み「10分対談」も復活いたします。前著に引き続き、宇野常寛さん、古川健介さんといったおなじみの方々以外にも、IVSの小林雅さんやTEDジャパン・ポータルの鈴木さんなどさまざまな人との会話をつなげていきたいと思っております。「関連リンク」にYouTubeのURLを記載しますので、ぜひアクセスをしてみてください。

「話を聞いてみたいけど、バリ島にいるから無理ですね……」と思われたとしても、大丈夫です。イベントや講演はタブレットPCを通じて参加いたしますし、自走式のコピーロボットがありますので、分身でよろしければイベント登壇や講演はいつでもお引き受けします。気軽に声がけください。テクノロジーは私に力を与えてくれました。もし、私の経験したことやラディカルに生きる暮らし方、物の見方などが少しでもほかの人の役に立てれば光栄です。私のようにぶっとんだ人でもあたたかく受け入れてくれるエージェント

「クリエイター・エージェント」(http://bit.ly/QA-Obara)までお問い合わせください。

なお、本書では、私が「中の人」だった企業をふくめ、さまざまな事例を取り上げさせていただきました。感謝と愛の気持ちをもって書かせていただきましたが、もし古くなっている、また間違っていることがあれば、どうぞご指摘をください。

最後になりますが、私のような人間を自由に羽ばたかせてくれ、バリ島へ快く送り出してくれた上司のFringe81田中弦《ゆづる》社長、またパートナーのみなさん。本当にありがとうございます。とても感謝しております。

家庭を支えてくれている妻の美奈子、娘の那奈子。二人の日常の機微やなにげない会話が、私のマインドフルネスを支えてくれています。本当にありがとうございます。

そして、本書のライターをしてくださった稲葉ほたてさん。本当にありがとうございます。私が語ったことをまとめていただいただけではなく、稲葉さんの取材したことや考察を加えていただいたことで、この本の魅力はとても増しました。次は稲葉さんがオリジナルの本を書く番ですね。

本書の最後までおつきあいいただき、ありがとうございました。みなさんの「ワクワク」がつながり、またイベントや次の本でお会いできる日をたのしみにしております。

二〇一五年五月　バリ島ウブド　竹でつくられたコ・ワーキングスペース「Hubud」より

尾原和啓

【関連リンク】

著者ページ：http://bit.ly/obarazzi

10分対談　YouTube：https://www.youtube.com/user/10taidan

著者アカウント　facebook：https://facebook.com/kazuhiro.obara

Twitter：@kazobara

編集協力　稲葉ほたて
校閲　福田光一
DTP　㈱ノムラ

尾原和啓　おばら・かずひろ
1970年生まれ。
京都大学大学院工学研究科修了。
マッキンゼー・アンド・カンパニーにてキャリアをスタートし、
NTTドコモのiモード事業立ち上げ支援、リクルート(2回)、
Google、楽天(執行役員)などの事業企画、投資、新規事業などに従事。
12職目となる現在は、インドネシアのバリ島に居を構え、
日本と往復をしながらIT企業の役員などを務める。
初の著書『ITビジネスの原理』(NHK出版)は
Amazon.co.jp「Kindle本(ビジネス・経済)」2014年の
年間ランキング第7位に入るロングセラーとなった。
「TED」カンファレンスの日本オーディションに関わるなど、
米国シリコンバレーのIT事情にも詳しい。

NHK出版新書 463

ザ・プラットフォーム
IT企業はなぜ世界を変えるのか?

2015(平成27)年6月10日　第1刷発行

著者　尾原和啓　©2015 Obara Kazuhiro
発行者　溝口明秀
発行所　NHK出版
〒150-8081東京都渋谷区宇田川町41-1
電話 (0570) 002-247(編集) (0570) 000-321(注文)
http://www.nhk-book.co.jp (ホームページ)
振替 00110-1-49701

ブックデザイン　albireo
印刷　亨有堂印刷所・近代美術
製本　藤田製本

本書の無断複写(コピー)は、著作権法上の例外を除き、著作権侵害となります。
落丁・乱丁本はお取り替えいたします。定価はカバーに表示してあります。
Printed in Japan　ISBN978-4-14-088463-8 C0234

NHK出版新書好評既刊

人事評価の「曖昧」と「納得」
江夏幾多郎
いつも不満や〝もやもや〟が残る、会社の人事評価。その根本的な原因はどこか。ユニークな視点から日本の人事評価の実態と問題点に迫る一書！
447

プーチンはアジアをめざす
激変する国際政治
下斗米伸夫
ウクライナ危機はなぜ深刻な米ロ対立を生みだしたのか？ プーチンの「脱欧入亜」戦略を読み解きながら、来たる国際政治の大変動を展望する。
448

財政危機の深層
増税・年金・赤字国債を問う
小黒一正
財政問題の本質はどこにあるのか。元財務省官僚の経済学者が、世にあふれる「誤解」「楽観論」を正し、持続的で公正な財政の未来を問う。
449

現代世界の十大小説
池澤夏樹
私たちが住む世界が抱える問題とは何か？ その病巣はどこにあるのか？『百年の孤独』から『苦海浄土』へ——。世界の〝いま〟を、文学が暴き出す。
450

世界史の極意
佐藤 優
「資本主義」「ナショナリズム」「宗教」の3つのテーマで、必須の歴史的事象を厳選して明快に解説！ 激動の国際情勢を見通すための世界史のレッスン。
451

憲法の条件
戦後70年から考える
大澤真幸
木村草太
集団的自衛権やヘイトスピーチの問題、議会の空転や、護憲派と改憲派の分断を乗り越えて、日本人は憲法を「わがもの」にできるのか。白熱の対論。
452

NHK出版新書好評既刊

NHK出版新書好評既刊

稼ぐまちが地方を変える
誰も言わなかった10の鉄則
木下 斉
スローガンだけの「地方創生」はもういらない。稼ぐ民間が、まちを、公共を変える！ 地域ビジネスで利益を生むための知恵を10の鉄則にして伝授。
460

火山入門
日本誕生から破局噴火まで
島村英紀
列島誕生から東日本大震災を超える被害をもたらす超巨大噴火の可能性まで、日本人が知っておきたい「足下」の驚異を碩学がわかりやすく説く。
461

21世紀の自由論
「優しいリアリズム」の時代へ
佐々木俊尚
リベラル、保守、欧米の政治哲学を整理し、「優しいリアリズム」や「非自由」だが幸せな在り方を考える。ネットの議論を牽引する著者が挑む新境地！
459

山本五十六
戦後70年の真実
NHK取材班
渡邊裕鴻
日米開戦に反対しながらも、真珠湾作戦を立案した男――。親友が保管していた初公開資料と日米専門家への取材から、その生涯を解きあかす。
462

ザ・プラットフォーム
IT企業はなぜ世界を変えるのか？
尾原和啓
アップル、グーグル、フェイスブック……今や国家や社会の基盤に成長した超国家的IT企業を動かす基本原理は何か？
463